目次

制度の活用にあたって ……………… 2
中山間地域等直接支払制度の概要 ……… 3
書類作成・提出の年間スケジュール ……… 7
多面的機能支払交付金の活用 ……………… 8

第1章／事務処理

1）書類の整理・保管 ………………………… 9
　【参考様式】年間活動計画
2）活動日報等の整理 ……………………… 12
　【参考様式】活動日誌／参加者・支払者名簿／
　活動記録
3）会計処理
　①帳簿のつけ方と領収書管理 ………… 17
　【参考様式】金銭出納簿／交付金個人配分表兼受領書
　②日当・委託料の支払い ……………… 22
　③交付金の積立と繰越 ………………… 24
　【指定様式】協定変更届
4）共用資産の管理と運用 ………………… 27
　【参考様式】機械等利用管理規程／共用資産管理台帳
　／機械等利用簿
5）総会などの記録管理と役員の選出 …… 32
　【参考様式】総会議事録／役員会議事録／役員名簿

第2章／共同取組活動

1）草刈り
　①作業の基本と安全対策 ……………… 36
　②法面の草刈り法 ……………………… 38
2）土壌流出の防止 ………………………… 40
3）暗渠排水の改良 ………………………… 42
4）緑肥作物の活用 ………………………… 44

5）耕作放棄地の再生
　①再生の手順 …………………………… 46
　②栽培作物の選択 ……………………… 48
　③草で判断する栽培作物 ……………… 50
　④放牧による再生 ……………………… 52
6）市民農園の開設 ………………………… 54
7）景観作物の作付け ……………………… 56
8）石垣補修と石積み ……………………… 58
9）鳥獣被害の防止
　①鳥獣を寄せない集落環境づくり …… 60
　②防護柵の設置とメンテナンス ……… 62
10）機械の共同利用
　①トラクターの点検・整備 …………… 64
　②コンバインの点検・整備 …………… 66
11）農業の六次産業化
　①特産物の開発 ………………………… 68
　②地域農産物の加工と販売 …………… 70

第3章／組織運営

1）会議の進め方 …………………………… 72
2）ワークショップの進め方 ……………… 74
3）総会の開催と運営 ……………………… 76
4）イベント企画の立案と広報 …………… 78
5）集落戦略の作成 ………………………… 80
　【指定様式】集落戦略
6）広域化のメリットと進め方 …………… 83

制度の活用にあたって
取組みを活性化させるために

集落内の協定の交付対象面積を増やしませんか？

共同取組活動が集落メンバーで実施できるのであれば、飛び地も協定農用地に編入できます。集落内の未取組農地の点検を行い、取組面積の拡大について話し合ってみましょう。
⇨3頁参照

小規模協定のところは隣接集落の協定との統合や連携を図ってみませんか？

高齢化やリーダー不足によって対策の継続ができない小規模・高齢化集落も少なくありません。将来の活動継続を見越して、隣接協定との統合や他集落との連携を進めてみませんか。
⇨5頁または83頁参照

基礎単価協定のところは通常単価に移行しませんか？

基礎単価（8割単価）から通常単価（体制整備単価/10割単価）への移行は、ステップアップ型の取組み（機械・農作業の共同化、高付加価値型農業、生産条件の改良、新規就農者による営農、農産物の加工・販売など）であるＡ、Ｂ要件や集団サポート型であるＣ要件の中から1つを選択して取り組めばよいのです。可能なものがないかどうか検討してみましょう。
⇨4頁参照

加算措置を活用してみませんか？

第4期対策ではより積極的な取組みのために、①集落連携・機能維持加算（集落協定の広域化支援、小規模・高齢化集落支援）、②超急傾斜農地保全管理加算が新たに用意されています。取り組み可能な加算措置はありませんか。
⇨5頁参照

多面的機能支払交付金も活用して活動を充実させませんか？

多面的機能支払は、中山間地域直接支払の「集落協定」と対象農地や構成員が同じでも、新たに「活動組織」を設立し、会計を分ければ、両方の交付金を活用できます。多面的機能支払交付金（農地維持支払）を活用して農道の草刈りや水路の泥上げを行う場合、その実績は中山間地域直接支払の活動実績にもでき、これまで中山間地域等直接支払交付金で支払っていたお金をほかの活動の充実に使うことができます。
⇨8頁参照

中山間地域等直接支払制度の概要

中山間地域等での農業生産活動は洪水や土砂崩れを防ぎ、美しい風景や多様な生きもののすみかを守るなど、公共的な機能を持っています。この機能を今後とも維持できるように支援するのがこの制度です。

制度のしくみ

傾斜がある等の農業生産条件が不利な中山間地域等（※）で、
- 集落等を単位に農用地を維持・管理していくための取決め（協定）を締結する
- その協定にしたがって5年間農業生産活動等を継続する

その場合に、協定参加の農業者等に対して田畑などの面積に応じて一定額が交付されます。

※対象地域
- 地域振興立法（特定農山村法、山村振興法、過疎地域自立促進特別措置法、半島振興法、離島振興法、沖縄振興特別措置法、奄美群島振興開発特別措置法、小笠原諸島振興開発特別措置法等）で指定された地域
- 都道府県知事が特に定めた基準を満たす地域

大雨が降ったとき、管理された棚田はダムの役割を果たして水を貯留し、雨水を地中にゆっくり浸透させるため、土砂災害防止の役割も発揮する

交付金は協定参加者の話し合いにより、地域の実情に応じた幅広い使途に活用できます（ただし、使途はあらかじめ協定に定めておく必要があります）。

活動にあたり重要なのは、集落内での合意形成。しっかりと話し合いをすすめたい

対象となる農地と交付単価

地目	区分	交付単価（円/10a）
田	急傾斜地（1/20以上）	21,000
田	緩傾斜地（1/100以上、1/20未満） 小区画・不整形な田 高齢化率・耕作放棄率の高い集落にある農用地	8,000
畑	急傾斜（15°以上）	11,500
畑	緩傾斜（8°以上、15°未満）	3,500
草地	急傾斜（15°以上）	10,500
草地	緩傾斜（8°以上、15°未満）	3,000
草地	草地比率の高い草地(寒冷地)	1,500
採草放牧地	急傾斜（15°以上）	1,000
採草放牧地	緩傾斜（8°以上、15°未満）	300

交付対象となる活動と交付割合

協定に定める活動が **1** のみの場合は交付単価の8割を交付。**1 + 2** をともに行う場合は10割を交付します。

交付単価	8割	2割
活動内容	1のみ（基礎単価）	
	1 + 2（通常単価）	

1 農業生産活動等を継続するための活動
①と②をともに取り組む。

①農業生産活動等
・耕作放棄の発生防止
・水路・農道等の管理
（泥上げ、草刈り等）
など

放牧による耕作放棄地の発生防止

②多面的機能を増進する活動
・周辺林地の管理
・景観作物の作付け
・体験農園の実施
・魚類等の保護など

景観作物の作付け

2 体制整備のための前向きな活動
A～Cの要件から1つを選択して取り組む。

[A要件] 農業生産性の向上
以下の活動から2つ以上選択して実施。①と⑤はより高い目標を設定すると1つのみ選択で可。

①機械・農作業の共同化
②高付加価値型農業
③生産条件の改良
④担い手への農地集積
⑤担い手への農作業の委託

機械の共同利用

野菜の栽培

農家による簡易な整備

[B要件] 女性・若者等の参画を得た取組
協定参加者に女性、若者、NPO等を1名以上新たに加え、以下から1つ以上選択して実施。

①新規就農者による営農
②農産物の加工・販売
③消費・出資の呼び込み

新規就農の相談

食品加工

体験農園の実施

[C要件] 集団的かつ持続可能な体制整備
協定参加者が活動の継続が困難となった場合に備えて、活動を継続できる体制を構築。

交付金の加算措置

1、2の活動に加えて、以下のような地域農業の維持・発展に資する一定の取組みを行う場合には、交付単価に所定額が以下のとおり加算されます。

取組み	内容	加算額
◎**集落連携・機能維持加算** 2の「体制整備のための前向きな活動」を行う場合に、あわせて取り組むことができる		
【集落協定の広域化支援】 A集落（実施集落） B集落（実施・未実施は問わない） C集落（実施・未実施は問わない）	2集落以上の複数集落が連携して広域協定（おおむね50戸以上）を締結し、新たな人材を確保して、農業生産活動等を維持するための体制づくりを行う場合、協定農用地全体に加算する	地目にかかわらず 3,000円/10a
【小規模・高齢化集落支援】 A集落 協定農用地（実施集落） B集落（小規模・高齢化集落） 協定に取り込む（未実施集落）	本制度の実施集落が、小規模・高齢化集落の農用地を取り込んで農業生産活動を行う場合、新たに取り込んだ農用地面積に加算する ※「小規模・高齢化集落」は19戸以下、かつ高齢化率が50％以上の農業集落	田 4,500円/10a 畑 1,800円/10a
◎**超急傾斜農地保全管理加算** 1の「農業生産活動を継続するための活動」に加えて、以下の①と②からそれぞれ1つずつ活動を行うと加算される		
①農地を保全する活動 （1つだけ実施でも可） ・石積み保全活動 ・土壌流出防止 ・すでに取組み中の活動 ②農産物の販売を促進する活動等 （1つだけ実施でも可） ・棚田オーナー制度 ・景観づくり ・すでに取組み中の活動 ※市町村と協力して実施でも可	超急傾斜地（田：1/10以上、畑：20°以上）の農用地の保全や有効活用に取り組む場合、該当の農用地面積に加算する。	田・畑とも 6,000円/10a

交付金の返還措置と返還免除

　5年間の協定期間中に農業生産活動が行われなくなった場合には、原則として協定の認定年度に遡って、協定農用地についての交付金全額を返還することになります。

　ただし、以下のように協定に参加する農業者の病気・高齢や自然災害などのやむを得ない事由がある場合には、この交付金返還の義務が免除されます（ただし、当該年度以降の交付金の交付はありません）。免除はされませんが、当該農用地分のみ返還する場合もあります。

交付金の返還が免除される場合

- 農業者の死亡や高齢化、農業者本人または家族の病気、その他これらに類する事由により農業生産活動等の継続が困難な場合（C要件の「集団的かつ持続可能な体制整備」に取り組む協定を除く）
- 自然災害の場合
- 農業者等が農業用施設を建設する場合
- 公共事業により資材置き場等として一時的に使用される場合
- 地域再生法に基づく地域農林水産業振興施設の用地とする場合　等

該当する農用地分に対する交付金のみ返還する場合

該当する農用地分に対する交付金のみ、協定の認定年度に遡って返還する必要がある。それ以外の協定農用地についての交付金は、返還の対象にならない。

- 新規就農者、農業後継者その他の協定に定められた活動に参加する者の住宅用地とする場合
- 林業または水産業関連施設の用地とする場合等

交付金交付の流れ

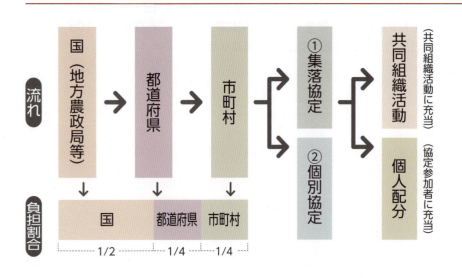

協定の種類

①集落協定
対象農用地において農業生産活動等を行う複数の農業者等が締結する協定。

②個別協定
認定農業者等が農用地の所有権等を有する者と利用権の設定や農作業受託を受ける形で締結する協定。

書類作成・提出の年間スケジュール

交付金は市町村に交付申請書を提出し、交付決定を受けた後、集落の活動内容や活動実績に応じて支払われます。協定が市町村長の認定を受けていれば、実施状況の確認前でも年度初めから交付が可能です。交付金の早期交付を希望される場合は、市町村にご相談ください。

年間スケジュールの例

※日程は市町村によって異なります。

月	集落で行うこと		市町村で行うこと
4月	新年度交付申請書の提出（〜4月末日）	→	申請書の点検／協定の認定
5月	前年度実績報告の提出（〜5月末）	→	前年度実績報告書の点検
6月		←	交付金の支払
7月	個人配分・役員報酬の支払		
8月			
9月		←	実施状況の確認（9月末までに）
10月			
11月			
12月			
1月	前年収支報告書の提出（〜1月末）	→	収支報告書の点検（税務上の参考資料として使用）
2月			
3月			

地元の年間スケジュール

※市町村の日程を確認して以下に記入しましょう。

月	集落で行うこと	市町村で行うこと
4月		
5月		
6月		
7月		
8月		
9月		
10月		
11月		
12月		
1月		
2月		
3月		

多面的機能支払交付金の活用

活動資金をもっと増やしてさまざまな活動を行いたいというとき、農業・農村の多面的機能を増進する活動を支援する多面的機能支払交付金をあわせて利用するとよいでしょう。

多面的機能支払交付金を活用して活動の充実を

　多面的機能支払は、中山間地域直接支払の「集落協定」と対象農地や構成員が同じでも、新たに「活動組織」を設立し、会計を分ければ、両方の交付金を活用することができます。

　多面的機能支払交付金（農地維持支払）を活用して農道の草刈りや水路の泥上げを行う場合、その実績は中山間地域直接支払の活動実績にもでき、これまで中山間地域直接支払交付金で支払っていたお金をほかの活動の充実に使うことができます。その場合、集落協定書を「草刈り、泥上げなどの農道・水路の管理は多面的機能支払交付金で行う」と変更して市町村に届出する必要があります。

　両方の交付金を活用する場合は、活動場所、日時、内容が重複しないように活動記録や経費等を区分して整理してください。

[モデル例]　緩傾斜の田10haの集落協定を結んでいる場合

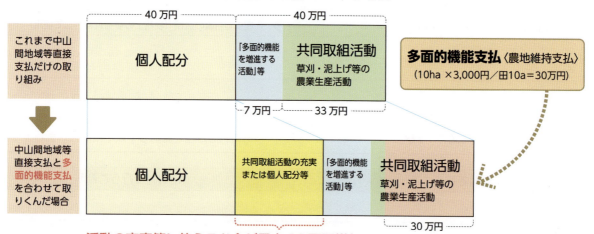

活動の充実等に使えるお金が最大30万円増加！！

中山間地域直接支払交付金と多面的機能支払交付金の違い

名称	ねらい・目的	交付金の使い勝手
中山間地域直接支払交付金	平場との農業生産性の格差を補正するのがねらい。集落内農地での営農活動の支援や集落の活性化などが目的。	・協定に明記すれば幅広い用途に使うことができる。 ・共同利用の機械の購入や農産加工所の機材代、鳥獣害防護柵設置の資材代など、物品購入のハード面に利用しやすい。 ・集落協定で個人配分分と共同活動の割合を決めれば、1戸あたり250万円まで配分可能。共同活動の日当として支払うこともできる。
多面的機能支払交付金	農業・農村の多面的機能を支える共同活動の支援が目的。	・主に共同活動の日当や謝金などのソフト面に利用しやすい。活動に必要な機材は購入よりリースが奨励される。 ・鳥獣害防護柵設置の際の日当や補修時の資材代などが出せる。 ・直接個人に分配はなし。地域資源の保全活動の対価として日当や謝金で支払いが可能。

第1章　事務処理

1 書類の整理・保管

事業の遂行にあたっては、申請から活動の実施、報告に至るまで、多くの書類を作成する必要があります。これらの書類は活動の証拠資料となるため、丁寧に作成し、保管しましょう。

整理・保管すべき証拠書類

整理・保管すべき書類は以下のとおりです。右の写真のように項目ごとにファイルを作成し、きちんと整理・保管しておくと、活動方針の作成や活動の振り返り、総会資料や報告書の作成などの際に便利です。市町村等の問い合わせにもスムーズに答えることができます。

※赤字の書類は5年間の保管が必須のもの

項目	書類の種類	内容
集落協定	協定書作成に関する集落での話し合い記録	内部書類(様式は任意)
	市町村等による農用地の傾斜・面積測定結果	交付金の算定基礎となるデータで、交付額が適正かどうかを確認する上でとても重要。申請額等に誤りがないか確認する必要がある。
	集落協定の認定(および変更)申請書(写し)	◎提出書類【集落代表者→市町村長】
	集落協定書	◎提出書類【集落代表者→市町村長】
	集落協定認定書	交付書類【市町村長→集落代表者】
活動	共同取組活動の記録	内部書類(様式は任意)。作業記録(どこで、誰が参加し、何を行ったかを記録)や活動中の写真(できれば日付入り)を整理する。
	集落代表者から個人への連絡文書等	内部書類(様式は任意)。交付金の支払連絡など協定参加者に周知した内容の記録(口頭で伝えたことをメモで残す形でもOK)。
	総会関連資料	内部書類(様式は任意)。開催通知(兼委任状)、総会議案書、会計監査報告書、議事録など。
交付金出入金	交付金の実施要領・運用などの指導文書等	事業に取り組む上での要件などが記載されている基本資料。市町村等からの指導文書等も併せて綴っておくと後々の確認に便利です。
	交付金申請関係書類	◎提出書類【集落代表者→市町村長】　各市村町で定める交付規則等によるため、具体的な手続や申請様式は市町村に確認すること。
	交付金受領書	交付金の個人配分に係る提出書類【個人→集落代表者→市町村長】
	出納簿(または通帳)	◎提出書類【集落代表者→市町村長】　交付金の支出について出入記録がすべてわかるもの(通帳に出入記録が残るため振り込みが望ましい)。原則として交付金のみの独立口座を開設すること(当座・普通は問わず)。
	領収書	◎提出書類【集落代表者→市町村長】　活動経費として機械・消耗品の購入、報酬・謝礼などを支払った場合は、必ず領収書を受け取ること(ない場合は、支払った相手先や日付、金額が証明できる書類を作成し、支払先にサインか押印してもらう)。

項目		書類の種類	説明
税務	交付金収支報告書		◎提出書類【集落代表者→市町村長】 交付金収入は個々の農業者の課税対象となるため、市町村に提出後、所轄税務署に参考情報として提供される。
	交付金収支証明書		交付書類【市町村長→集落代表者】 農業者個人が本証明書を税務申告時に活用。
その他	取得資産関係書類		◎提出書類【集落代表者→市町村長】 農業機械等を購入した場合、適切な管理を行うために作成する資産台帳や管理規程、管理台帳など。
	検査関係書類(写し)		県や市町村が協定書の審査(交付対象面積、金額等)および現地確認を行うにあたって作成するもので、証拠書類の一つとして写しを綴っておくとよい。

上記の書類の保管状況について、以下のチェック表で点検してみましょう。

※赤字の書類は5年間の保管が必須のもの

項目	書類の種類	保管日	保管の有無	保管場所
	[記入例] 協定書作成に関する集落での話し合い記録	28年3月10日	○	本棚(ファイル1)
集落協定	協定書作成に関する集落での話し合い記録	年　月　日		
	市町村等による農用地の傾斜・面積測定結果	年　月　日		
	集落協定の認定(および変更)申請書(写し)	年　月　日		
	集落協定書	年　月　日		
	集落協定認定書	随時		
活動	共同取組活動の記録	随時		
	集落代表者から個人への連絡文書等	随時		
交付金出入金	交付金の実施要領・運用などの指導文書等	毎年		
	交付金申請関係書類	毎年		
	交付金受領書	随時		
	出納簿(または通帳)	随時		
	領収書	毎年		
税務	交付金収支報告書	毎年		
	交付金収支証明書	随時		
その他	取得資産関係書類	年　月　日		
	検査関係書類(写し)	年　月　日		

年度活動計画

	4月	5月	6月	7月	8月	9月	10月	11月	12月	1月	2月	3月
【関係書類提出等の日程】												
■会議、研修												
■農業生産等を継続するための活動（必須） ○耕作放棄の発生防止 ○水路・農道等の管理活動 （泥上げ・草刈りなど） など												
■多面的機能を増進する活動（必須） ○周辺林地の管理 ○景観作物の作付 ○体験農園 ○魚類等の保護 など												
■体制整備のための前向きな活動（A～Cから1つ選択）	○農業生産性の向上（A要件） ※以下から2つ以上選択 ①機械・農作業の共同化 ②高付加価値農業 ③生産条件の改良 ④担い手への農地集積 ⑤担い手への農作業委託											
	○女性・若者の参画を得た取組（B要件） ※次は、若者、NPOを1名以上参加者に加えて①以上選択 ①新規就農者、認定農業者による営農 ②農産物の加工・販売 ③消費・出資の呼び込み											
	○集団的かつ持続可能な体制整備（C要件）											

年間活動計画 〈参考様式〉

2 活動日報等の整理

活動に取り組む際には、いつ、どこで、だれが、何を行ったのかがわかるように、必ず「活動日報」をつけましょう。また、活動の様子は写真にとって必ず残しておきましょう。

活動の記録の仕方

市町村で活動日報の様式がある場合はその様式を使って、ない場合には右の参考様式を使って活動内容を記録しましょう。事務処理や打ち合わせ、活動の取りまとめ作業などについても記録しておくことが大切です。なお、活動の際はあわせて写真も撮っておくと活動実績を裏付ける証拠にもなります。必ず撮るように心がけ、日報に貼り付けて保存しておきましょう。

活動区分から選んで該当する活動をチェックする。

より詳しい活動内容や特記事項などを記入する。

活動の写真を貼りつける。

活動日報の内容を「活動記録」に転記してまとめておくと、市町村への活動実績の報告に役立ちます。

最後は活動記録簿にまとめましょう

活動区分	作業の例など
農業生産活動等農地等に関する事項	荒廃農地の草刈り・防虫対策、荒廃農地の復旧、荒廃農地の畜産的利用や林地化に向けた活動、鳥獣被害防止柵・ネットの設置、農用地に入る作業道の設置、排水改良等の簡易な基盤整備 など
水路・農道等の管理	水路の清掃、草刈り、農道の簡易補修、草刈り など
多面的機能増進活動	周辺林地の草刈り、景観作物の作付け、土壌流亡防止のための活動、ビオトープ等生物保全施設の設置、冬期湛水化、不作付け田での水張り管理、堆きゅう肥の施肥、棚田オーナー制・市民農園設置に向けた活動 など
体制整備活動	農用地等保全マップの作成にむけた活動、将来にわたる農用地等保全および地域の実情に即した農業生産活動継続に向けた体制の整備のための活動（A要件：協定農用地の拡大、機械・農作業の共同化、高付加価値型農業の実践、地場産農産物等の加工・販売、農業生産条件の強化、新規就農者の確保、認定農業者の育成、多様な担い手の確保、担い手への農地集積、担い手への農作業の委託／B要件：集落を基礎とした営農組織の育成、担い手の集積化／C要件：集団的かつ持続可能な体制整備）
その他	事務処理、打合せ、活動全体の取りまとめ など

写真撮影のポイント

写真による記録（写真撮影）は、文字による活動記録を補完するものです。活動証拠ともなりますので、対象施設や活動内容がよくわかるように、以下の点に注意して撮影しましょう。

- ピントを被写体にしっかりと合わせる（デジカメではシャッター半押しで合わせる）。
- 手ぶれしないように、両脇を軽くしめ、カメラをしっかりと両手で構える（右写真参照）。左手の手のひらでカメラの底辺を支えると、両脇が閉まり、手ブレもオートフォーカスへの指かかりも防ぐことができます。
- 逆光での撮影は行わず、暗い場所では必要に応じてフラッシュをたく。
- 写真を保存する関係上、カメラは横使いで撮影するのが望ましい。
- デジカメで撮影後は画像をモニターで確認し、構図やピンボケの有無などをチェックする。撮影ミスが発生する可能性があるため、同じ構図で何枚か撮影するとよい。
- デジカメで撮影する場合、L版サイズを標準に考え、200万画素（1600×1200）を目安とする。

プロのカメラマンの構え方

参加者名簿の作成を！

活動を行った際には、作業日報とともに参加者名簿も作成しましょう。様式は任意ですが、指定された様式がない場合には、添付の「参加者・支払者名簿」を使用するとよいでしょう。この様式だと、日当の支払いがある際に受領書を兼ねることもできます（15頁参照）。

参考様式
No. _____

平成　年度　中山間地域等直接支払　活動日誌

集落協定名　_____

実施年月日	平成　年　月　日　時　分　～　時　分		
活動項目 （該当する活動に〇）	■農業生産活動		作業場所
	農地等に関する事項		
	水路・農道等の管理		
	■多面的機能増進活動		
	■体制整備活動		
	■その他		
活動内容			
詳細			

■写真貼付

活動日誌　〈参考様式〉

参考様式

参加者・支払者名簿

集落協定名：＿＿＿＿＿＿＿＿＿＿

作業日　：平成　　年　　月　　日
作業時間：　　時　　分　～　　　時　　分（　　時間　　分）
作業内容：＿＿＿＿＿＿＿＿＿＿＿＿＿＿＿＿＿＿＿＿＿＿＿＿＿＿

氏名（フルネーム）	区分		内訳	（単位：円）		押印又はサイン
	構成員	その他	日当	刈払機借上料		計	
1							
2							
3							
4							
5							
6							
7							
8							
9							
10							
11							
12							
13							
14							
15							
16							
17							
18							
19							
20							

※日当等の支払いの場合は、確認印の押印またはサイン（フルネーム）の記入をしてください。

(参考様式)

平成　年度　中山間地域等直接支払制度　活動記録（活動日誌）

集落協定名：

活動実施日時			活動参加人数			活動内容		備考
実施月日	実施時間		総参加人数	構成員	その他	活動区分	活動内容	
	時間帯							
	～		人	人	人	□農業生産活動 □農地等に関する事項 □水路・農道等の管理方法 □多面的機能増進活動 □体制整備活動 □その他		
	～		人	人	人	□農業生産活動 □農地等に関する事項 □水路・農道等の管理方法 □多面的機能増進活動 □体制整備活動 □その他		
	～		人	人	人	□農業生産活動 □農地等に関する事項 □水路・農道等の管理方法 □多面的機能増進活動 □体制整備活動 □その他		
	～		人	人	人	□農業生産活動 □農地等に関する事項 □水路・農道等の管理方法 □多面的機能増進活動 □体制整備活動 □その他		
	～		人	人	人	□農業生産活動 □農地等に関する事項 □水路・農道等の管理方法 □多面的機能増進活動 □体制整備活動 □その他		
	～		人	人	人	□農業生産活動 □農地等に関する事項 □水路・農道等の管理方法 □多面的機能増進活動 □体制整備活動 □その他		

3 会計処理 ① 帳簿のつけ方と領収書管理

国の税金を原資とする交付金を扱う会計処理においては、記帳に基づいた適正な処理が求められます。また、支出の証拠となる領収書の保存や受領書の作成もしっかりと行いましょう。

会計処理の仕方

　金銭の出入りはすべて金銭出納簿で管理するとよいでしょう。出納簿は毎年新しいものを用意し、協定書に記載した「共同取組活動」と「個人配分」に関わるすべての支出について、金銭の出入りを一括してこの出納簿に記入しましょう。指定された出納簿の様式がない場合は、本冊子にある様式を活用してください（20頁参照）。

参考様式

平成　　年度　中山間地域等直接支払交付金金銭出納簿

> 市町村で指定する「金銭出納簿」の様式がある場合は、その様式を用いてください。

> 経理事務を外部（会計知識のある個人、地域の企業や団体等）に委託することができます。その場合報酬や委託料などの経費は共同組合活動配分額から支出します。

(注)金銭出納簿や領収書等の支払いを証明する書類は、交付翌年度から5年間の保管義務があります。

交付金の個人配分の支出は振り込みで！

　交付金の個人配分への支出については、できる限り現金ではなく振り込みで行うようにしましょう。通帳に出入記録が残るため、その写しがそのまま支払いの証拠になります。口座は原則として本交付金のみの独立口座を開設してください（口座種類は普通でも当座でもよい）。

領収書の整理の仕方

　金銭を支払った場合には必ず領収書をもらいましょう。領収書は品名と店舗名が入っていればレシートで構いません。また、手書きの領収書の場合、品名や規格、数量等もしっかりと記入してもらいましょう。領収書がない場合は、①支払った相手先、②日付、③金額が証明できる書類を作成してください。この場合、支払った相手にサインや押印してもらってください。

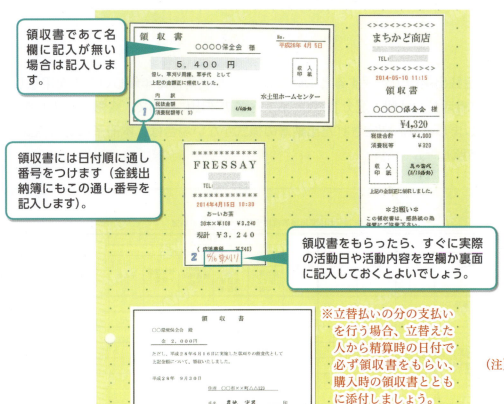

- 領収書であて名欄に記入が無い場合は記入します。
- 領収書には日付順に通し番号をつけます（金銭出納簿にもこの通し番号を記入します）。
- 領収書をもらったら、すぐに実際の活動日や活動内容を空欄か裏面に記入しておくとよいでしょう。

※立替払いの分の支払いを行う場合、立替えた人から精算時の日付で必ず領収書をもらい、購入時の領収書とともに添付しましょう。

（注）時間が経つと印字が薄れるレシートがあるので、その種のレシートはコピーしたものを使いましょう。

交付金（個人配分）の受領書を！

　交付金の個人配分が確実に支払われたことを確認するため、通帳の出入金記録とともに、受領書が必要となります。右のような様式で、一括で受領書を作成することもできます。受領書には必ずサインや押印をしてもらいましょう（21頁参照）。

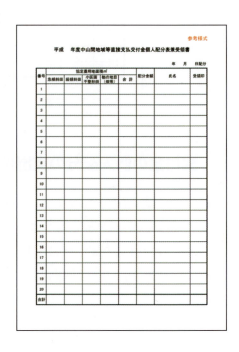

主な支出項目の分類（参考）

市町村により収支報告書の様式が異なるため、市町村の定める区分がある場合はそれに従ってください。

項目		支出
農業生産活動	農用地等に関する事項 ・農用地の維持・管理 ・共同利用機械の管理 ・共同利用施設の管理 ・鳥獣害防止対策等	・畦畔管理費　　・法面点検費 ・簡易基盤整備費　・耕作放棄地の管理費 ・耕作放棄地の復旧費　・農作業受委託料金費用 ・農地を管理していくための諸経費・出役費、資材費、機器リース料など
		・トラクター、コンバイン、草刈機、畦塗り機等購入費 ・共同機械利用修理費 ・燃料代 ・機械組合への助成費
		・共同利用施設（育苗施設、集出荷施設、処理加工施設、販売施設など） ・施設補修費 ・施設運営費
		・鳥獣害防止柵等資材費 ・鳥獣害防止柵等設置費 ・鳥獣害防止柵維持管理費
	水路、農道等の管理	・草刈り・泥上げ等の出役費 ・道・水路の補修費 ・水利組合等への委託費 ・管理活動に必要な備品購入費（スコップ、カマ等）等 ・そのほか、道水路維持管理経費、資材費・機器リース料 など
多面的機能増進		・出役費（周辺林地の草刈り、景観作物の作付け、生物保全施設の設置など） ・景観作物種子・苗購入 ・そのほか多面的機能を増進する活動として協定書に定めた内容に係わる費用
体制整備	研修費	・協定参加者が参加する各種研修等に係る経費 ・新規就農者・オペレーター等の研修に係る経費 ・参加者の旅費・日当・弁当・茶菓子代、バス借り上げ料、講師謝礼 など
	土地利用調整関係費	・利用権の設定、農作業の委託費等
	法人設立関係費	・法人の設立に係る経費
その他	会議費	・茶菓子代　　・会場使用料
	事務費	・用紙代　　・コピー代 ・現像代 ・プリンタインク・トナー代等事務用品
	備品購入費	・パソコン、プリンタ、デジカメ、コピー機等購入費 など
	負担金	・地域協議会負担金
積立・繰越		・共同利用機械購入のための積立 ・共同利用施設整備のための積立 ・道・水路整備費、農地整備のための積立 ・災害時（農用地、道路・水路等の崩壊等）の復旧のための積立 ・耕作を継続するための活動費（突然のリタイヤ時の作業受委託費用等）の集落協定活動として行う各種イベントのための積立

参考様式

平成　年度　中山間地域等直接支払交付金金銭出納簿

年月日	摘要	収入	支出	残額	支出科目						支払先	備考
					個人配分(A)	共同取組活動分(B)						
						農業生産活動		多面的機能増進活動	体制整備活動	その他		
						農地等に関する事項	水路・農道等の管理					
平成	年繰越(D)											

金銭出納簿　〈参考様式〉

参考様式

平成　年度中山間地域等直接支払交付金個人配分表兼受領書

個人配分兼受領書

　　　　　　　　　　　　　　　　　　　　　年　月　日配分

番号	協定農用地面積㎡					配分金額	氏名	受領印
	急傾斜田	緩傾斜田	小区画不整形田	他の地目（畑等）	合　計			
1								
2								
3								
4								
5								
6								
7								
8								
9								
10								
11								
12								
13								
14								
15								
16								
17								
18								
19								
20								
合計								

3 会計処理 ②日当・委託料の支払い

共同取組活動を行うにあたっては、集落協定で取り決めた適正な基準により参加者に日当を支払うことができます。また、活動の一部については集落外の人たちに委託することも可能です。

日当を支払う時に注意すべき点

日当の支払いでは以下の点に注意しましょう。
① 日当を払う場合は作業の日報（作業内容、作業時間など）を記録し、保管する。
② 単価は総会など構成員参加のもとで決める（必ず議事録の作成と保管を行う）。
③ 地域の標準を踏まえた単価とし、内規を作成してその中に明記する。

※単価設定にあたってはJAの作業単価、自治体の農作業委託単価、国・県の最低賃金を参考にするとよい。

雑草や害虫の予防のために行う土手焼き作業

④ 日当の支払いに際しては、必ず受領者の受領証明が必要となる。個別でなくても、参加者全員分を名簿形式にして、その書類に個々の受領印かサインをもらう形でOK（下記書類を参照）。

日当の受領証明の方法

日当を支払う場合、個別の領収書でなくてもOKです。代わりに、活動の月日や時間、活動内容、金額などを記した「参加者・支払者名簿」に、受領印か自筆のサインをもらう必要があります。

参加者・支払者名簿

集落協定名：○○集落組合

作業日　：平成30年　6月10日
作業時間：9時00分　～　11時00分（2時間　分）
作業内容：荒廃農地の草刈り

氏名（フルネーム）	区分		内訳（単位：円）			押印又はサイン
	組織員	その他	日当	草刈機借上料	計	
山田太郎	✓		3,000		3,000	山田太郎
鈴木次郎	✓		3,000		3,000	鈴木次郎
由利裕三	✓		3,000		3,000	由利裕三
田中四郎	✓		3,000		3,000	㊞

個人収入の税務処理

　日当や役員報酬、個人配分された交付金といった個人の収入は、課税対象となります。集落協定参加者自身で個々に確定申告するようにしてもらいましょう。

　集落協定組織として収支報告書を作成し、関連書類とともに自治体に提出すると、「収支報告証明書」が自治体から発行されます。この証明書が確定申告時の本収入の証明となりますので、このコピーを協定参加者全員に配布する必要があります。

協定参加者の確定申告に向けた「収支報告証明書」発行の手順

集　落	市　町　村
書類作成依頼	
● 収支報告書を作成（1月下旬まで） ①領収書（手当等の受領表等も含む）のコピー、②金銭出納簿または通帳（収支内容）の写し、③作業日誌や活動記録または出役簿（無ければ不要）を添付すること。 ※報告書の日付は1月15日までの日付で	● 収支報告証明書を交付（2月中旬） 収支報告書の内容を確認のうえ、「収支報告証明書」を集落代表者あてに返送する。これが『交付金収支証明書』となる
● 証明書を配布（2月中〜下旬） 集落代表者等は、市から送付された「収支報告証明書」をコピーして協定参加者へ配布すること（確定申告に必要となる）。	※「収支報告証明書」は、参考資料として市町から最寄りの税務署に送付されることがあります。
● 確定申告（3月15日までに） 集落協定参加者各人で確定申告を行う際に、「収支報告証明書（収支報告書）」のコピーを確定申告の資料として添付する。	

委託費の支払い

　協定参加者以外の人たちや組織へも委託料や日当を支払うことができます。地域の中でお金を循環させるメリットも生じることから、委託先としては自治会や地域づくりNPOなど地元組織への委託をまず優先して考えるとよいでしょう。

自治会や水利組合、老人会などの組織に作業委託する場合

　水路の管理活動やため池周辺の草刈り、景観作物の植栽など、集落協定組織として手がまわらない活動を外部の組織に委託することができます（「共同取組活動費」から委託料として支払います）。活動の担い手が少ない地域では、移住者に活動の一部を任せることで、移住者の定着につなげることもできます。

小学校と連携して農業体験活動を行う場合、また共同取組活動に子どもが参加する場合

　農業体験の際には「共同取組活動費」から事務経費や交流に関わる費用を負担することができます。共同取組活動に子どもが参加した場合には、日当ではなく、参加記念品（粗品）を渡すようにしましょう。

3 会計処理 ③交付金の積立と繰越

交付金の配分や使用の仕方については基本的に集落協定組織に委ねられており、協定参加者の合意があればその使途は自由とされています。積立や繰越もその合意があれば可能となります。

積立や繰越の仕方

交付金は単年度ごとに計画的に使用することが望ましいとされています。ただし、協定参加者の合意があれば、原則として協定期間内に使用すること、またその使途を明確にすることにより、積立や繰越を行うことができます。それらを行うためには、協定書の「第8 交付金の使用方法等」(別添様式第2号)にある「積立・繰越に係る計画」を作成する必要があります。

・「積立」希望の場合
毎年度の積立額、取崩し年度及び使途を記載し、協定変更届とともに提出します。

・「次年度繰越」希望の場合
繰越予定額と使途を必ず記載し、協定変更届とともに提出します。

畦塗り機など高価な農業機械の購入や施設設置などの際に「積立」制度が活用される事例が多い

注意
- 協定書の内容を変更して積立や繰越を行う場合、総会での合意が必要です。
- 積立や繰越した金額は、原則として協定書で明記した計画年度内に使用してください。
- 繰越金はその年度に使用しなかった場合、その次の年度まで繰り越さないでください。

[記載例] 積立の場合

[記載例] 繰越の場合

(参考様式)

平成〇〇年〇〇月〇〇日

〇〇市町村長〇〇　〇〇　様

<u>　　　　　　　〇〇地区集落協定</u>
<u>代表　〇〇〇〇　　印</u>

中山間地域等直接支払交付金に係る集落協定の変更届

　中山間地域等直接支払交付金実施要領の運用（平成１２年４月１日付け１２　構改Ｂ第７４号農林水産省構造改善局長通知）の第７の４の（４）により変更したいので、下記のとおり届け出ます。

記

1　変更内容
　　例）第７「交付金の使用方法等」における次年度への繰越を以下のとおり変更する。
　　　〇繰越予定年度：　平成〇〇年度
　　　〇繰越予定額：　　５０，０００円
　　　〇使途：災害発生が想定される箇所・施設に対する災害時の復旧などに要する経費
　　　（集落における総会の結果、次年度繰越額を上記に変更することを決定した）

2　集落協定（変更案）
　　別紙のとおり

以　　上

第7　交付金の使用方法等
　1　交付金は、集落を代表して、　　　　　　　　　が市町村より受け取る。
　2　次のとおり支出する。

		交付金使途の内容(項目)	金　額
共同取組活動	① 集落の各担当者の活動に対する経費		
	② 農業生産活動等の体制整備に向けた活動等の集落マスタープランの将来像を実現するための活動に対する経費		
	③ 水路、農道等の維持・管理等集落の共同取組活動に要する経費		
	④ 集落協定に基づき農用地の維持・管理活動を行う者に対する経費		
	⑤ 毎年の積立額又は次年度への繰越予定額	3のとおり	

　3　交付金の積立・繰越に係る計画
　　①　交付金の積立
　　　(ｱ)積立計画

	年度	年度	年度	年度	年度
積立予定額					
積立累計額					

　　　(ｲ)取崩予定等
　　　　○　取崩予定年度：　　　　年度
　　　　○　取崩予定年度における積立累計額：　　　　　　　　円
　　　　○　使途：

　　②　次年度への繰越
　　　　○　繰越予定年度：　　　　年度
　　　　○　繰越予定額：　　　　　　　　円
　　　　○　使途：

　4　次のとおり支出する。

	金額
個人配分分	（配分割合：　　　％）

4 共用資産の管理と運用

交付金で購入した機械等の共用資産は適切な管理が求められます。資産の利用管理に関する「利用管理規程」を設け、管理台帳と利用簿を整備して資産管理をしっかりと行いましょう。

共用資産の管理の仕方

交付金によって共用資産を購入した場合は、管理担当者を明確にするとともに、その管理担当者が管理規程や資産台帳、管理日誌等の整備に努めることとなっています。

したがって、取得価格が50万円以上の機械を購入した場合には、以下のように「機械等利用管理規程」を整備し、「共用資産管理台帳」と「機械等利用簿」を作成しましょう（50万円未満の場合は記載の必要なく、管理・処分等については集落組織内での話し合いで決める形でOKです）。

コンバインは高価な精密機械のため管理の徹底が求められる（撮影：依田賢吾）

(注) 自治体に実績報告書を提出する際は、これらの利用管理規程や台帳、利用簿の写しも必ず添付します。

機械等利用管理規程

（参考様式）

機械等利用管理規定程

第1条 ○○集落組合（以下「組合」という。）が導入した機械及び施設（以下「機械等」という。）の管理及び運営は、この規程に定めるところによる。

第2条 機械等の管理責任者は組合長とする。ただし、組合長が代行者を置くことができる。

第3条 機械等の利用料金は○○とする。但し、組合員以外の者が利用する場合はこの限りでない。

第4条 機械等を使用するに当たり、使用者は、次のことに同意するものとする。
(1) 消耗品及び燃料等は使用者が用意すること。
(2) 使用後は、清掃及び点検整備を行ってから返却すること。
(3) 故障を発見したとき又は故障を起こした時は、ただちに管理責任者へ報告すること。
(4) 機械等の使用中の事故について、組合は一切の責任を負わないこと。

第5条 管理責任者は、機械等の適切な維持管理のため、次の諸帳簿を備え、適宜記帳するものとする。
(1) 共用資産管理台帳
(2) 機械等利用簿

第6条 この規程に定めのない事項については、組合長が関係者と協議する等して対応し、その結果を役員会に報告するものとする。

利用管理規程に盛り込むべき内容

- 共用資産の管理責任者
  （通常は組織の代表者の場合が多い）
- 利用料金

※協定参加者以外への貸出も可。その際の価格設定は協定参加者と異なってよい。

- 消耗品、燃料等の費用は自己負担
- 使用後返却前の清掃、点検整備の励行
- 故障時の管理責任者への報告義務
- 使用中の事故への責任は一切負わないこと
- 管理台帳および利用簿の整備など

※利用簿の裏に利用規程をプリントしておくと、機械を借りるたびに利用規程の内容について自覚を促すことができます。

共用財産（機械等）の貸し出し方

　畦塗り機やコンバインなど、交付金で購入した共用資産（取得価格50万円以上のもの）については、利用管理規定にしたがって以下のとおり管理台帳に記載するとともに、協定参加者などに貸し出す際には、必ず下記のような利用簿を作成し、利用者に記入してもらってから使用してもらうようにしましょう。

共用資産管理台帳の記入の仕方

　機械等の処分制限期間については耐用年数にそって記入しますが、期間後に処分する場合は自治体に報告する義務はありません。集落組織で処分方法を決定した上で適正に行いましょう。

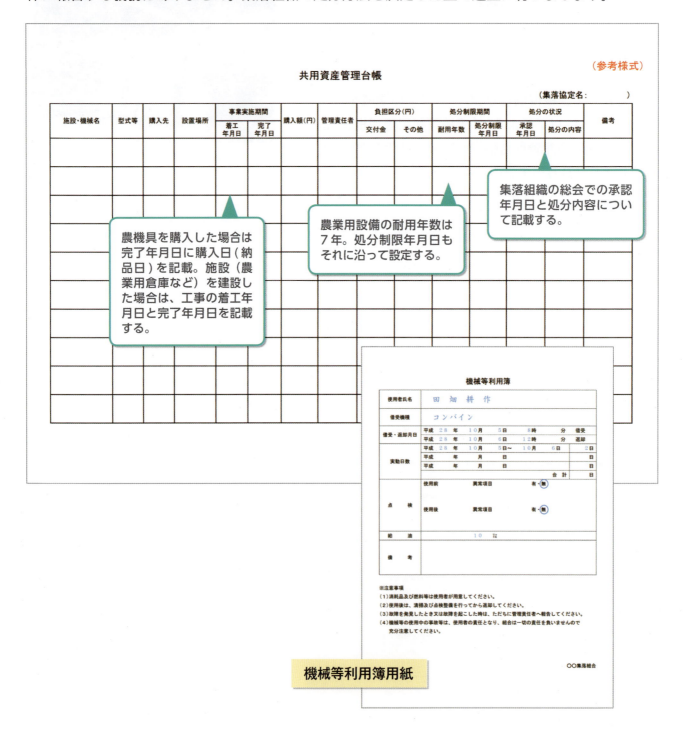

（参考様式）

機械等利用管理規定程

第1条　〇〇集落組合（以下「組合」という。）が導入した機械及び施設（以下「機械等」という。）の管理及び運営は、この規程に定めるところによる。

第2条　機械等の管理責任者は組合長とする。ただし、組合長が代行者を置くことができる。

第3条　機械等の利用料金は〇〇とする。但し、組合員以外の者が利用する場合はこの限りでない。

第4条　機械等を使用するに当たり、使用者は、次のことに同意するものとする。
　　　（1）消耗品及び燃料等は使用者が用意すること。
　　　（2）使用後は、清掃及び点検整備を行ってから返却すること。
　　　（3）故障を発見したとき又は故障を起こした時は、ただちに管理責任者へ報告すること。
　　　（4）機械等の使用中の事故について、組合は一切の責任を負わなこと。

第5条　管理責任者は、機械等の適切な維持管理のため、次の諸帳簿を備え、適宜記帳するものとする。
　　　（1）共用資産管理台帳
　　　（2）機械等利用簿

第6条　この規程に定めのない事項については、組合長が関係者と協議する等して対応し、その結果を役員会に報告するものとする。

(参考様式)

共用資産管理台帳

(集落協定名： 　　　　　　)

施設・機械名	型式等	購入先	設置場所	事業実施期間		購入額(円)	管理責任者	負担区分(円)		処分制限期間		処分の状況		備考
				着工年月日	完了年月日			交付金	その他	耐用年数	処分制限年月日	承認年月日	処分の内容	

(参考様式)

機械等利用簿

使用者氏名								
借受機種								
借受・返却月日	平成　　年　　月　　日　　　時　　分　借受							
	平成　　年　　月　　日　　　時　　分　返却							
実動日数	平成　　年　　月　　日							日
	平成　　年　　月　　日							日
	平成　　年　　月　　日							日
							合　計	日
点　　検	使用前　　　　　異常項目　　　　　　有・無							
	使用後　　　　　異常項目　　　　　　有・無							
給　　油	リットル							
備　　考								

※注意事項
（1）消耗品及び燃料等は使用者が用意してください。
（2）使用後は、清掃及び点検整備を行ってから返却してください。
（3）故障を発見したとき又は故障を起こした時は、ただちに管理責任者へ報告してください。
（4）機械等の使用中の事故等は、使用者の責任となり、組合は一切の責任を負いませんので
　　充分注意してください。

〇〇集落組合

5 総会などの記録管理と役員の選出

総会の決定事項をはじめ、役員の打合せなどの記録も残しておきましょう。決定機関は総会ですが、執行機関である役員会は定期的に打ち合わせを持ち、スムーズな組織運営に努めましょう。

総会など打合せの記録管理

　総会は年に1回開催し、集落協定組織の当該年度の活動や決算を振り返り、次年度(以降)の活動計画や予算、協定内容の変更事項などについて協議して決定する最も重要な会議です。すべての組織員に呼び掛けて開催するとともに、出欠状況や議事内容、採決結果などについて右のような様式を参考に、記録に残し、欠席者も含めてしっかりと組織内に伝えることが必要です。

　また、役員会の日常的な打合せについても、議事内容や決定事項などについてメモを残しておくとよいでしょう(34頁「役員会議事録(参考様式)」参照)。

役員の選出

　集落協定組織の活動をスムーズに行っていくにあたっては、日常的に活動を先導していくリーダー(役員)の存在が欠かせません。その実務の性格上、長年の経験者がリーダーを続ける例が少なくありませんが、なるべく少数の役員のみに負担がかかりすぎないように、役員会の中にさまざまな活動部門別の担当者を置いて全体の実務を分散するとともに、会合などを通じて役員間で全体の動きを共有していくことが求められます。

　なお、役員については毎年の総会で議案として取り上げ、組織員全体の承認を得るようにしましょう。また、活動報告書提出の際などに市町村担当者に資料として見せるために、役員名簿も作っておきましょう(35頁「役員名簿(参考様式)」を参照)。

役員会の担当例

<三役>
○代表者
○書記担当
○会計担当

<部門別担当>　※必要に応じて設置する
○共同機械担当
○土地改良施設担当
○法面点検担当
○鳥獣被害対策担当
○食品加工・販売担当(女性部担当)
○交流イベント担当　など

<会計等の監視役>
○監事(できれば2名)

参考様式

　　年度　　　　　集落協定　総会議事録

■日時	年　月　日（　）　　　　時　分　～　時　分
■場所	
■出欠	構成員数　　名のうち、出席者　　名、委任状　　名、欠席者　　名

■議事

■採決の結果
第1号議案　平成　　年度活動報告について・・・・・承認可決（賛成　　名、反対　　名、保留　　名）
第2号議案　平成　　年度決算について・・・・・・・承認可決（賛成　　名、反対　　名、保留　　名）
第3号議案　平成　　年度活動計画・役員について・・承認可決（賛成　　名、反対　　名、保留　　名）
第4号議案　協定の内容変更について・・・・・・・・承認可決（賛成　　名、反対　　名、保留　　名）

以上、会議の議事に関して記録し、その内容に相違ないことを認め、署名捺印する。
　　　　年　月　日

　　　　　　　　　　　　　　　議事録署名者 _____ 印

　　　　　　　　　　　　　　　議事録署名者 _____ 印

上記は原本と相違ないことを証明する。
　　　　　　　　　　　　　　　集落協定　代表者 _____ 印

参考様式

　　年度　　　　集落協定 役員会議事録

■日時	年　　月　　日（　）　　　　時　分～　時　分
■場所	
■出欠	出席者　　　名

■議事内容

■決定事項／今後の検討課題

参考様式

年度　役員名簿

組織名：　　　　　　集落協定

役職	氏名
代表者	
書記担当	
会計担当	
共同機械担当	
土地改良施設担当	
法面点検担当	
鳥獣被害対策担当	
監事	
監事	

第2章　共同取組活動

1 草刈り　①作業の基本と安全対策

草刈機によって草刈り作業はとても楽になった反面、ちょっとしたミスが思わぬ事故を引き起こします。安全確保のために注意を欠かさないようにしましょう。

草刈りを安全に行うために注意すること

作業の安全を確保するために、事前の下見や打ち合わせも含め、以下の点に気をつけましょう。なお、傾斜地や水路脇など危険を伴う草刈り作業は外部に委託可能です。

水路わきの管理道の草刈り作業

活動前日まで

- 事前に活動場所の下見を複数名で行い、危険な箇所（急傾斜地、窪地やぬかるみ、段差、危険物、危険生物の生息など）のチェックを行う。
- 刈刃に当たって飛び散るような石や空き缶、ビン、木の枝など、また刈刃に巻き付くテープや針金、ツタなど、ケガにつながるおそれのあるものを事前に取り除く。
- 参加者の年齢や体力、作業の熟練度、健康状況などを確認し、適切な作業分担と配置を行い、無理のない作業計画を立てる。

刈刃にあたって飛び散ったり、からまったりするゴミは除去する

活動当日の作業前

- 当日の作業分担と配置について連絡する。当日の健康状況により配置替えが必要な場合は対応する。
- 作業時の安全確保に関する注意事項（右記）を確認しあう。

作業上の注意事項

- 相互に5m以上間隔をとりながら作業する（飛散物やキックバックで負傷させる危険があるため）。
- 刈刃に草が巻きついたり、木に刃が喰いついたりした時はエンジンを止めてから対応する。
- 作業の中断や移動中は必ずエンジンを切る。
- 狭い場所や障害物周辺など、刈りづらいところは無理せずに手刈りする。
- 傾斜地では一歩ずつ足場を確認しながら作業をする。
- 水路脇の作業時や水路をまたぐ時は転落に注意する。
- 作業中に声をかけるときは背後からではなく、必ず作業者の前に行ってかける。（右写真参照）

作業者同士の間隔が5m以上になるように（15mが望ましい）

作業中

- 安全管理に目配りする担当者を決め、参加者全員が安全に作業できるよう、以下のような必要な声がけを行う。

声かけの場合

- 間隔をとらずに作業をしている人たちに、もっと間隔を空けるように注意する。
- 足場の悪い場所や無理な体勢で作業をしている人に、無理をしないように注意する。
- 車の通行に注意が向いていない人に、車が近づいていると注意する。
- 猛暑での作業中に体調が悪くなっていないか、作業をする皆に注意を喚起する。など

草刈りを安全に行うために注意すること

野外での作業にふさわしい服装を整え、以下の用品を着用しましょう。

服装のチェック

- ☐ **防護メガネ・フェイスシールド**
  飛散物による目や顔の負傷を防ぐ
- ☐ **袖口や裾が締まった服装**
  引っ掛かりや巻き込まれを防ぐ
- ☐ **軍手・皮手袋**
  防振用だと手のしびれや腱鞘炎を防ぐ
- ☐ **すね当てや前掛け**
  飛散物や草汁の付着を防ぐ
- ☐ **安全長靴**
  回転刃が足元に触れた時などにケガを防ぐ
- ☐ **帽子・日除けバンダナ**
  日差しをよける
- ☐ **耳栓**
  耳鳴りを防ぐ

緊急離脱ツマミのある草払機を使用する場合は、その動作確認も必ず行いましょう。

左記の服装は最低限心がけましょう

夏から秋にかけての草刈り作業で注意したいこと

ハチに刺されたら

草むらなどには思わぬところにハチの巣が隠れている場合があります。万一刺されたら、以下のように対処しましょう。

❶ すぐに毛抜きなどで針を抜き、注入された毒液を速やかに取り除く。ハチの毒は水に溶けるので、刺された部分を両手の指で強くつまんで毒を絞り出しながら水で洗い流す。

❷ 薬としては抗ヒスタミン剤を含有したステロイド軟膏を塗る。

❸ 応急処置が済んだら、すぐに近くの病院へ行く。

※冷や汗、吐き気、耳鳴り、めまい、息苦しさなどのショック症状が見られたら、すぐに救急車を呼びましょう。

熱中症の予防のために

炎天下の作業の中で熱中症を引き起こさないため、以下の点に気をつけましょう。

❶ 水分や塩分の補給のためのスポーツドリンクなどの飲み物、身体を冷やすことができる氷、冷たいおしぼりなどを備える。

❷ 日陰などの涼しい場所に休憩場所を確保する。

❸ 30分ごとに1回程度、頻繁で十分な休憩時間を取る。

❹ 作業服は吸湿性や通気性に優れ、帽子も通気性の良いものを着用する。

❺ 作業者の健康状況を把握しておくとともに、作業中も巡回するなどして健康状況を確認する。

1 草刈り ②法面の草刈り法

中山間地域の水田などで見られる広い法面の除草作業は労力を必要とし、事故やケガが多い作業です。

広い法面をラクに安全に草刈りする工夫

傾斜地は足元が滑って草刈り中にバランスを崩しやすく、踏ん張るために足腰に過重な負担がかかります。傾斜が厳しい法面での除草作業をラクに安全に行う工夫をしてみましょう。

足場やステップを設置する

安全性を確保し、労力の負担を減らすためにまず考えられるのは、安全に作業できる足場や作業道をつくることです。方法としては次のような方法がありますが、それぞれ一長一短があるため、地域に合ったやり方を検討しましょう。

①間伐材丸太を用いた足場の設置
施工はラクであるが、腐りやすく、安定度が悪い

②間伐材丸太を用いたステップの設置
施工に時間がかかるが、比較的コストは抑えられる

③管理機を活用したステップの設置
施工に時間や機械代がかかるが、安定度がある

④プラスチックの足場を用いたステップの設置
施工はラクで耐久性もあるが、資材代がかかる

ラクに足場やステップを設置するには？

草刈り用のステップを設置するには、間伐材の丸太を用いる方法がありますが、最近はポリエチレン製の足場に注目が集まっています。これは長さ1mの足場で、150kgの荷重まで耐えられ、耐久年数は10年ほど。設置は簡単で、法面の両端に水糸を水平に張り、それに沿って鍬などで溝を掘り、ステップをおいて杭を打ち込んで固定するだけ。法面が広いところでは、2段、3段とステップを設置するとよいでしょう。

水糸を張ってステップを設置。ステップ間は多少開いても構わない

草刈り用のステップ本体。長さ45cmの杭を打ち込んだ状態（価格は100本で15万円前後）

石などがあって杭が入れられない場合は、鉄製のアンカーを打って固定する

刈払機の持ち方や履物を工夫する

出村邦彦さん（福島県いわき市）は刈払機を「2点吊り」しています。ベルトの先に約1mのロープの一端を結び、もう一方の端をハンドルと竿が交差する位置に縛ります。こうすると軽く肩を動かすだけで、竿を180度自由に動かせ、さらに荷重が背中に分散され、肩こりも軽減されるとのこと。

また、法面の草刈りには自作の「土手歩き」を愛用。滑り止めのスパイクが地面にしっかり刺さって滑りません。刈り下ろす場合は、谷足になる左足側に、刈り上げの場合は右足側にバンドで付けて使っています。

「土手歩き」を付けると、体重を支える左足が水平になり、姿勢が安定する

家畜の力を活用する

棚田の草刈りにヤギやヒツジを活用するところが増えています。ヤギが斜面地の草刈りを得意とするのに対して、ヒツジは平地専門で、草を地際からきれいに食べてくれます。また、和牛などの放牧も有効です。牛は食べる量が半端ではないため、とくに広い荒廃農地の草刈りに力を発揮します。

昼はひたすら草だけを、夕方は1回、米ヌカに配合飼料を少し混ぜて食べさせる（岡山県赤磐市）

旺盛な食欲をもつ牛は斜面地の草刈りでもとても頼りになる

草刈りは高刈りが楽で効果もバツグン！

イネ科雑草は生長点が地際にあるため、頻繁に刈りすぎると逆に繁茂する。カメムシを呼び寄せる

高刈りすると広葉雑草は横に伸びて、イネ科雑草を防ぐ。カメムシも寄りつかなくなる

2 土壌流出の防止

中山間地域の傾斜地では、降雨による土壌流出が問題になっています。長年の営農活動により肥沃度が増した表土が流れてしまうと、土地の生産力自体も低下してしまいます。

土壌流出が発生する原因

降雨によって傾斜地の土壌流失が起こるのは、単位時間当たりの降雨量が土壌にしみ込む量よりも多くなるためです。地形的には、より傾斜が急で斜面が長いほど表面を流れる水の速度が速くなり、土を運んでいく力も大きくなるために流出量が多くなります。

土壌中の有機物が多く、その粒が粗いと土壌の透水性がよくなるため、斜面を流れる水の発生量が少なくなります。これに対し、こうした水の浸透に強い団粒が少ないと、降雨によって土壌中の団粒が壊されて、クラストと呼ばれる細かい土壌粒子が表面を覆うため、土壌の透水性が低下して表面を流れる水が発生し、土壌流出量が増えることになります。

侵食により表土が失われた傾斜地の耕作放棄畑
（撮影：谷山一郎）

作物の種類によって土壌流出量が減る

作物の種類や栽培様式などによって土壌流出量は異なります。

右図は宮崎県の傾斜地で裸地と各種作物を栽培した畑の土壌侵食の試験結果をとりまとめたもの。作物が植わっていない裸地では、年間の土壌の侵食量は作物を栽培する畑に比べて、4倍以上になります。一方、牧草地ではほとんど侵食が発生していません。

作物が生長すると茎や葉などが土壌面を覆ってくれるため、降雨時に雨滴のエネルギーを弱めるので団粒が破壊されず、土壌侵食を減らします。

とくに牧草は一年中植物が土壌表面を覆うとともに、根が土壌の団粒を形成する効果によって透水性が高まります。たとえ表面を流れる水が発生しても、根が土壌を掴むことで土壌粒子がはぎ取られるのを防ぎ、ほとんど侵食が起こりません。

斜面畑に小麦を植えると土壌流出が起こりにくい

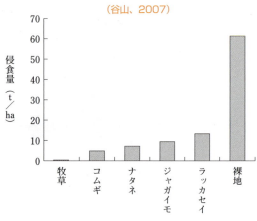
各種作物作付け畑の土壌侵食量
（谷山、2007）

土壌流出が発生する原因

　土壌の流出を少なくする対策は以下のようにさまざまあります。畑にあった方法を組み合わせて実践することで、さらに浸食防止効果が上がります。

さまざまな浸食防止対策

■土壌表面をわらや有機物などのマルチで覆う
　➡地表面を雨滴の力から守るため侵食量を少なくする

(注)ビニールマルチだとマルチに覆われていない部分の表面流水量が増えるため、逆に侵食量が増えることがあるので注意が必要

等高線に沿って設けられた牧草帯
（撮影：谷山一郎）

■うねは横うねに立てる
　➡表面を流れる水を発生させないため、縦うねよりも土壌流出量が少なくなる

■等高線にそって牧草帯を設けるか、グラウンドカバープランツを植える
　➡流れてくる土壌を受け止めてくれる（右上の写真参照）

■等高線にそって圃場を半分に区切る（2分の1分割）➡斜面幅が短くなり、流れる水の速度を抑える

■耕うんする際は深耕や混層耕とする➡土壌の保水性や浸透能力を向上させる

■畑に有機物を施用する➡土壌の団粒化を促進し、土壌の透水性を改良する

■土壌を耕さない「不耕起」や溝状に耕す「省耕起」で栽培する（省力にもなる）
　➡土壌表面を植物が覆ったり、根がしっかりと土をつかんだりするため侵食防止に効果がある

(注)表面に雑草が繁茂して害虫が増えたり、表面の土壌温度が低くなったりする問題点も指摘されている

侵食防止対策の効果 （前田、1987）

対　策	内　容	流出水比	流出土比
横うねの効果（縦うね1.00）	4	0.56	0.24
牧草帯、牧草線の効果（無設置1.00）	7	0.71	0.39
圃場2分の1分割の効果（無処理1.00）	2	0.87	0.56
深耕、混層耕の効果（無処理1.00）	6	0.66	0.67
敷わら、有機物マルチの効果（無処理1.00）	4	0.54	0.35
堆肥、有機物施用の効果（無施用1.00）	2	0.52	0.63

代表的なグラウンドカバープランツ

種類／科名／原産地	草　姿	特　徴
ヒメイワダレソウ クマツヅラ科 ペルー原産 ほふく性半落葉低木		ほふく茎が土と接しているところから容易に発根するので、増殖は非常に簡単である。草丈が低いので、天端、法面部分に植栽が可能である。耕作地に進入すると旺盛な繁殖力のため、雑草化のおそれがあるので注意する。病害虫の発生は特にない。
ノシバ イネ科 日本原産 多年草		刈込みに強く、刈払いによる雑草管理が可能。踏圧、擦り切れに強い。密な芝生を形成し、葉はケイ酸質を含むため滑りにくく、畦畔の天端や法面への植栽に適する。張芝は土面によく密着させ、活着するまでの十分な灌水と芝生完成までの除草が望まれる。完成後は芝生維持のため少なくとも年1～2回の刈込みを行う。

3 暗渠排水の改良

中山間地域では棚田や日当たりの悪い谷津田など、水はけの悪い田んぼが少なくありません。こうした田んぼの排水改善をバックホーで手軽に行う方法があります。

バックホーを使って暗渠を作る

谷津田で林に日光を遮られて日当たりが悪かったり、棚田で上の田んぼから水が出てきやすかったりする湿田では、排水性の改良が課題です。これをバックホーを使って手軽にやる方法があります（岡山県矢掛町・石川大さん考案）。手順は以下のとおりです。

1 溝掘り（2日）
アゼ際からバックホーをバックさせる形で掘り進む。まず上土だけを45cm掘り、続いて下土を掘る方法で進める。掘った上土と下土は溝の右側に、石は左側に置いた。

2 パイプ、排水部の設置（半日）
暗渠のパイプには、直径75mmの暗渠用蛇腹パイプ（コルゲート管）を使用。全面に多数の穴が開き、地中を染みてきた水がこの穴からパイプ内に流れ込む。排水部は直径65mmの薄肉塩化ビニル管（VU管）を使用し、蛇腹パイプとステンレス線で縛る形で接続。排水口の先端にはネジ止め式のふたを取り付けた。

3 破石、砂の投入（2日半）
排水効果を高め、土がパイプの穴に詰まるのを防止するため、パイプの周囲に掘り出した小さい石と市販の砕石をパイプが見えなくなるまで敷き詰め、その上に砂を10～15cm入れた。

4 溝の埋め戻し
砂の上に、下土と上土を順に埋め戻していく。下土は、バックホーのバケットですくったり手前に引いたりして埋め戻す。バックホーの機体は、作業用に空けておいた側に、キャタピラを溝と平行に置き、機体を90度回転させて作業した。

棚田では上の田んぼから水がにじみ出てきやすいため、土手の下に排水のための明渠を設ける例もあるがそれでも水はけが改善されない場合も多い

バックホーで掘った溝の幅は約50cm。長さ45m。深さは排水部が約1.2m、反対側が約80cmで、水が流れやすいように勾配をつけた

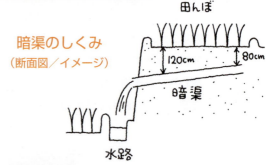

暗渠のしくみ
（断面図／イメージ）

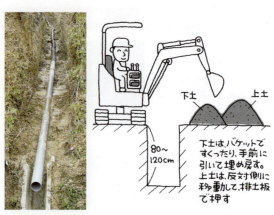

手前が排水溝、塩ビ管とつながった蛇腹パイプが奥に向かって延びる

手作りの塩ビ管排水路で排水改善

　この排水方式の構造・原理はいたってシンプル。長さ4mの塩ビ管を写真のようなT字型の継ぎ手でつなぎ、継ぎ手の穴の開いた部分を上に向けて土中に埋め、この穴から水を排出するというものです。とくにひどかった湿田でこの方式を導入してみたところ、排水は劇的に改善。暗渠、明渠よりも排水スピードは速いといいます（岩手県一関市・熊谷良輝さん）。

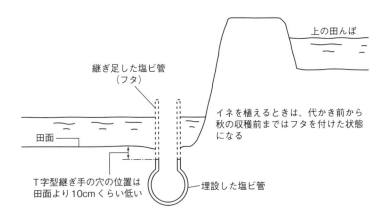

T字型の継ぎ手部分

① 排水用の穴を圃場より低く設置すること

そうすると排水がよくなり、田んぼを乾かしたいときによく乾く。イネを植えるときは代かき前から秋の収穫前まで、この穴にフタをする（収穫以降、翌年春の入水まではフタをはずす）。フタは塩ビ管を適当な長さに切っただけの筒で、これを穴に継ぎ足すように差し込み、穴の縁が水面より高くなるようにするだけ（上図参照）。この筒の長さを調節することで水位の調整が可能で、継ぎ手を可動式にすると、これを斜めに回すことで水位調整できる。

バックホーで溝を掘る

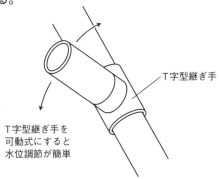

② T字型（穴付き）の継ぎ手を多くすること

そのほうが高い排水効果を期待できる。

③ 埋設塩ビ管は田畑の端に設置すること

そのほうが作業の邪魔にならない。

法面沿いに掘った溝に塩ビパイプを敷設する

田んぼに水を張る際にはT字型の塩ビを接続して水面上に口を出す

（参考資料：萱原正嗣「バックホー農業自由自在」/『現代農業』連載より）

4 緑肥作物の活用

協定範囲内の遊休農地は、農地としてすぐに活用ができるよう、毎年草を刈り、土を肥やしながら維持・管理されなければなりません。そこで役に立つのが景観形成も兼ねた緑肥作物です。

緑肥作物とは

緑肥作物とは、土壌を肥沃化させる目的で栽培され、基本的にその場で刈り取られ、土にすき込まれる作物のことをいいます。土つくりの一環として、田んぼでのレンゲ栽培や畑での菜の花栽培など、古くから農家の人たちにも親しまれてきました。その期待される効果は、物理性、化学性、生物性の改善の3つに分けられます。

昔から行われてきた田んぼでのレンゲ栽培

物理性の改善
イネ科作物に代表されるように粗大な有機物をすき込むことで、土壌を団粒化させます。堆厩肥に比べて手軽に土をふかふかにすることができます。

化学性の改善
マメ科作物に着生する根粒菌による窒素固定やヒマワリに代表される菌根菌によるリン酸の利用向上、また腐植が増えて保肥力が増すことで、購入肥料を減らすことができます。

生物性の改善
土壌中の微生物の種類が増えて多様性が高まることによって、土壌病害が抑制され、有害センチュウも減らすこともできます。

遊休農地の維持管理に活かすには

近年、花を楽しむ景観作物としての緑肥作物もさまざま開発され、休耕地の維持・管理にも広く用いられるようになってきました。その代表がヘアリーベッチで、水田の裏作栽培として春先に紫色の花を各地で見かけるようになっています。

また最近では、土にすき込まずに土壌を被覆することで、雑草防除効果を発揮するカバークロップなども登場してきました。遊休農地の維持・管理には、ぜひ緑肥作物を利用してみましょう。

水田の裏作栽培で人気のヘアリーベッチ

緑肥作物のさまざまな効果といろいろな種類

　緑肥作物にはさまざまな種類があり、それぞれ特性や効果が少しずつ異なります。目的に見合ったものを選んで使用するとよいでしょう。

※（　）内は商品名も含む

	働き	種類	効果
物理性の改善	土をフカフカにする	粗大有機物 （トウモロコシ、ソルゴー、緑肥ヘイオーツ）	有用微生物を増やす
物理性の改善	水はけを改善する	深根性マメ科作物：転換畑 （田助、ヘアリーベッチ）	深さ1m以上直根を伸ばし 根粒菌を増やす
物理性の改善	水はけを改善する	豊富な根菌：園芸畑の耕盤対策 （トウモロコシ、ソルゴー）	根が土を耕す
化学性の改善	肥持ちをよくする	粗大有機物 （トウモロコシ、ソルゴー、緑肥ヘイオーツ）	腐植を増やす
化学性の改善	減肥を行なう	炭素率が低いマメ科緑肥 （ヘアリーベッチ、アブラナ科、出穂しないイネ科）	チッソとカリの減肥で コストを低減する
化学性の改善	減肥を行なう	リン酸の効率的利用 （ヒマワリ、マメ科緑肥、緑肥ヘイオーツ）	菌根菌の活用、微生物の リンの有効利用を促す
化学性の改善	過剰塩類を除去する	クリーニングクロップ （ソルゴー、ねまへらそう）	過剰塩類の除去で 土壌を若返らせる
生物性の改善	線虫を抑制する	線虫対抗作物 （つちたろう、R-007、ソイルクリーン、くれない他）	線虫を退治する
生物性の改善	土壌病害を抑制する	緑肥ヘイオーツ	根菌効果で線虫など 土壌病害を抑える
生物性の改善	土壌病害を抑制する	薫蒸作物（辛神）	病原菌を殺菌作用で 退治する
その他の役割	景観を美化する	景観緑肥 （キカラシ、アンジェリア、くれない、ヒマワリ他）	観光客の誘致と 町おこしに活用する
その他の役割	環境を保護する	果樹園の草生栽培（ナギナタガヤ、ヘアリーベッチ）	省力的に雑草を管理する
その他の役割	環境を保護する	リビングマルチ（ヘアリーベッチ、てまいらず他）	ビニールマルチの代わりに 雑草も害虫も減らす
その他の役割	環境を保護する	ドリフトガードクロップ （三尺ソルゴー、つちたろう、とちゆたか）	農薬の飛散を防止する
その他の役割	環境を保護する	バンカークロップ（三尺ソルゴー、てまいらず他）	ハウスのアブラムシ防除に
その他の役割	環境を保護する	表土の流亡防止（緑肥ヘイオーツ、ヒエ類他）	貴重な表土を守って 環境保全をすすめる

5 耕作放棄地の再生 ①再生の手順

耕作放棄地は地域の営農をサポートしてもらうために上手に管理していくことができれば、地域の営農力のアップに力を発揮してくれます。手順を踏みながら再生に取り組みましょう。

耕作放棄地再生の手順

耕作放棄地を活用しようといっても、すぐに取り組めないような場所も少なくないでしょう。一気に解消しようと無理せずに、次の3つのステップで徐々に取り組んでいくとよいでしょう。あきらめないことが肝心です。

耕作放棄された水田は害虫の発生場所になりやすい

耕作放棄地を活用する3つのステップ

①マイナスをゼロにする

耕作放棄地は害虫の発生源になるとされ、景観としてもよくありません。まずは、このようなマイナスをなくすことが、最初のステップです。

②ゼロをプラスにする

耕作放棄地もうまく管理すれば、地域の圃場に天敵を供給する基地とすることができます。

③プラスαを見出す

耕作放棄地は、営農している農地ではできないさまざまな取り組みに活用できる可能性があります。

3つのステップを図解すると…

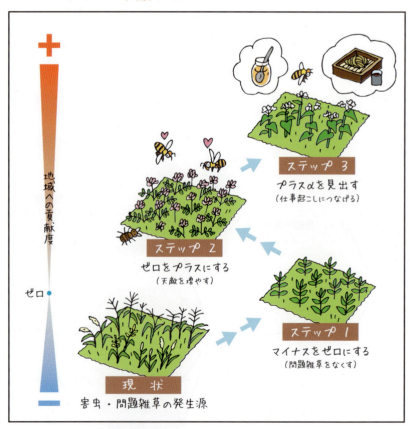

1 マイナスからゼロへのステップ ── 問題雑草の抑制へ

耕作放棄地に生えるメヒシバやイヌビエなどのイネ科雑草が、斑点米カメムシなどの寄生植物になっています。こうしたイネ科雑草は以下のような方法で発生を防ぐことができます。

❶ 冬期湛水
冬期に湛水状態を維持すると雑草が生えづらくなる

❷ 米ぬか除草
米ぬかを水面にまくことで、雑草の発生を抑えられる

❸ カバープランツの植栽
レンゲは開花終了後に水を入れると、レンゲからの有機酸で雑草を抑えることができる。アップルミントは問題雑草を抑制するとともに、カメムシの忌避効果もある

冬に水を湛める冬期湛水や米ぬかの散布でイネ科雑草が抑えられる
（写真：磐田用水東部土地改良区）

2 ゼロからプラスへのステップ ── 天敵の供給基地へ

休耕田にレンゲを植えると、雑草を生やしっぱなしにしておいた場所に比べて、害虫の天敵となるコモリグモなどのクモや寄生バチの数が増えることがわかっています。

手間がかからず、やせ地に育つソバやアップルミントは、雑草を抑制する効果があるだけでなく、花の豊富な蜜で寄生バチを引き付け、害虫防除の基地になってくれます。

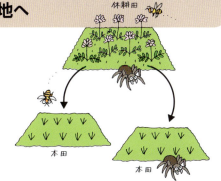

天敵を増やし害虫防除の基地に

3 プラスαから×αへ ── 新たな仕事起こしへ

このようなカバープランツは、地域の景観形成に効果があるだけでなく、耕作放棄地の雑草の発生を抑制して害虫の発生を防ぎ、さらに土着天敵を増やす上でも効果があります。

しかも、これらの花々が蜜を出せば、ミツバチの蜜源として役立てることができ、養蜂業につなげていくこともできるのです。蜜源として活用できるカバープランツには下記のようなものがあります。

雑草対策に効果的な夏ソバはルチンなどの健康成分が高い

蜜源としてもお勧めのカバープランツ

種　名	種　類	開　花	草丈(cm)	特徴・利用の仕方
ボリジブルー	1年草	5〜9月	60〜80	若芽をサラダに、花をケーキの飾りや砂糖菓子に、葉と花をハーブティーや油、薬、入浴剤として利用可能
アップルミント	多年草	7〜9月	60〜100	ハーブティーやサラダ(生)、肉・魚料理、ビネガー、ソースに利用できる。入浴剤、ローションなどでも青りんごの香りを楽しめる
イワダレソウ	多年草	6〜8月	10前後	茎は横にはい、節から根を出してよく広がる。寒さ、暑さ、乾燥に強い。暖地では冬季も葉は常緑で残る
レンゲ	1年草	4〜6月	10〜30	古くから緑肥作物や牛の飼料として利用されてきた。蜜源植物の代表で、ゆでた若芽は食用にもなる
ヘアリーベッチ	1年草	5〜6月	50前後	窒素固定により緑肥として利用されるほか、被覆力が強く、アレロパシー作用による雑草防止効果もある

5 耕作放棄地の再生 ②栽培作物の選択

再生した耕作放棄地で栽培する作物は、栽培者の事情やほ場の条件などを考慮し、どのような作物が適しているのかをしっかりと見極めて選択しましょう。

条件別の推奨作物

再生した耕作放棄地に導入する作物としては、以下のように農家個別の事情やほ場の条件などを考慮しながら選びましょう。また、耕作放棄地を継続して利用していくにあたっては、生産物やその加工品を安定的に出荷できる販売ルート（農協出荷、青空市・直売所販売、契約栽培、産直など）が確保されていることも重要です。

①手間がかからない作物 [そば、イモ類、イチジクなど]

高齢者や女性向きの作物です。機械が使えない、管理に手間がかけられない、重労働ができない場合などにおすすめです。

②収益が上がる作物
[野菜や果樹などの園芸作物、飼料作物、麦、大豆など]

これからの農業を担っていく新規就農者、規模拡大を希望する認定農業者・農業法人など、一定以上の利益を上げていきたい場合には、野菜や果樹などの園芸作物がよいでしょう。また、水田の場合、飼料用米・飼料用稲や米粉用米、麦、大豆については「水田活用の直接支払交付金」で一定水準の支援を受けられます。これらの作物は施設や機械などの設備投資が必要になることもあるため、あわせて検討する必要があります。

③条件が悪いほ場向けの作物
[ユズ、シキミ、サカキ、ミツマタ、山菜など]

耕作放棄地はもともと日陰など栽培条件が悪いほ場が多くあります。このようなほ場で栽培する場合は、悪条件でも栽培できる作物、大型機械を使わなくても栽培できる作物が適しています。

④鳥獣被害を受けにくい作物
[カボス、ウド、フキ、アシタバ、コンニャク、アスパラガス、ラッキョウなど]

鳥獣被害を受けやすい環境にある耕作放棄地の場合、サル、シカ、イノシシ、ハクビシンなどの被害を受けにくい作物や被害を受けても回復が早い作物がおすすめです。

⑤保全管理を目的にした作物
[レンゲ、菜の花、ヒマワリ、コスモスなど]

高齢のため営農作物を栽培するのが難しかったり、兼業で手が回らなかったりする場合には、畑の保全管理に役立つ景観作物などを植えると、地力の維持になるとともに地域住民の憩いの場にもなります。

再生畑への作物別の導入適性

○は比較的適していることを表す

分類	作物名	中山間地域向き	鳥獣が好まない	栽培が比較的容易
穀物類	米			○
	米粉用米			○
	大豆	○		
	ソバ	○	○	
	雑穀(アワ、キビなど)			○
飼料	WCS用稲			○
	飼料用米用稲			○
	イタリアンライグラス	○	○	○
果樹類	イチジク	○		○
	ユズ	○		○
	クリ	○		○
	ウメ	○		○
	カキ	○		○
	ギンナン	○		○
	ブルーベリー	○		○
	キウイフルーツ	○		○
野菜類	サツマイモ・ジャガイモなど			○
	ジネンジョ、ツクネイモなど	○		
	エンドウ、ソラマメなど	○		
	タマネギ	○	○	
	青ネギ、小ネギ	○	○	
	アスパラガス	○		
	ニンニク	○	○	
	オクラ	○	○	○
	トウモロコシ	○		
	コンニャク	○	○	
	マコモタケ	○	○	
	葉ワサビ	○	○	
	ハーブ類	○	○	
山菜類	ウド	○		○
	タラノメ	○		○
	ワラビ	○		○
	ゼンマイ	○		○
その他	ナタネ	○	○	○
	シキミ	○	○	○
	サカキ	○	○	○
	茶	○	○	○
	ミツマタ	○	○	○
	ヤマブドウ	○	○	○
	アケビ	○	○	○
	マタタビ	○	○	○

(参考資料:『耕作放棄地再生・利用の手引き』岡山県農林水産部・岡山県耕作放棄地解消対策協議会)

5 耕作放棄地の再生 ③草で判断する栽培作物

畑の土の状態によって、育てやすい野菜、育てにくい野菜があります。生えている草の種類で、再生しようとする畑の土の状態を判断し、ふさわしい野菜を決めて栽培しましょう。

草を見ればわかる土のステージと適した作物

　土の中にはさまざまな種類の草の種子が休眠状態で埋まっています。そのすべてが発芽して生えてくるのではなく、その時どきの、その場の環境に一番合った草が優先して生えてきます。生えている草を観察すれば、土のphや肥沃度などがある程度わかってきます。

【ステージ0：荒地】　草の根を掘り取り、雑穀を
　ススキ、チガヤ、クズ、セイダカアワダチソウ、ヨモギなどの多年草が多い場所は、四方八方にそれらの地下茎が伸び、根をマット状にはびこらせています。一度はびこると何年間も年中はびこります。耕すと根が切れてさらに増やすことになるため、まずシャベルなどで根を掘って取り除き、完熟たい肥や草木灰を全層に施すと土壌が改善されます。
＜適する作物＞
　ヒエ、アワ、キビ、タカキビ、エゴマ、ソバなどの雑穀が適しています。ジャガイモやネギをつくり、収穫する際に多年草の根を取り除いていく方法もよいでしょう。

【ステージ1：やせ地】　酸性でやせていても育つ野菜を
　スギナ、シロツメクサ、ハハコグサ、スイバ、イヌタデ、ギシギシ、アザミなどが生えている土は酸性でやせています。ステージ2（普通地）以上の野菜を育てる場合には、完熟たい肥や草木灰を全層に施すとよいでしょう。
＜適する作物＞
酸性土壌でも育つ野菜、夏ならサツマイモやエダマメ、ダイズ、ジャガイモを、冬なら麦類のライムギやオオムギ、コムギが適しています。マメ科の緑肥作物（クリムソンクローバーなど）を育てると土が肥えてきます。

【ステージ2：普通地】　野性味の強い野菜を
　普通の畑はほとんどがステージ2です。シロザ、アカザ、スベリヒユ、アオビユ、ツユクサ、スズメノカタビラ、ノボロギク、カラスノエンドウなど、ややせ地を好む草が生えています。ステージ3（肥沃地）の野菜を育てる場合には、もみがら燻炭と完熟たい肥を浅くすき込み、果菜を育てる場合には完熟たい肥を定植前の植え穴に施すか、その近くに施すとよいでしょう。
＜適する野菜＞
ミニトマトやケール、サニーレタスのような、こぼれ種が自然発生する野性味の強い野菜がよく育ちます。

【ステージ3：肥沃地】　どんな野菜も育つ
　オオイヌノフグリ、ハコベ、ナズナ、ヒメオドリコソウ、ホトケノザなどの春草が一面に生えている畑では、どんな野菜でも栽培できます。これらの草の葉の色が濃く、こんもりと茂りが強くなってきたら、無肥料でも十分育てることができます。

生える草から見た土のステージと適した作物

ステージ	生える草	特徴&対処法	適した野菜・作物
0 [荒地]	ススキ、チガヤ、クズ、セイタカアワダチソウ、ヨモギなど	多年草の根を掘って取り除き、完熟たい肥や草木灰を全層に施して、土壌を改良する	雑穀(ヒエ、アワ、キビ、タカキビ、エゴマ、ソバなど)、ジャガイモ、ネギなど
1 [やせ地]	スギナ、シロツメクサ、ハハコグサ、スイバ、イヌタデ、ギシギシ、アザミなど	酸性が強く、やせている。ステージ2以上の野菜には、完熟たい肥や草木灰、もみがら燻炭を全層に施す	サツマイモ、エダマメ、ダイズ、ジャガイモ、ライムギ、オオムギ、コムギ、マメ科の緑肥作物など
2 [普通地]	シロザ、アカザ、スベリヒユ、アオビュ、ツユクサ、スズメノカタビラ、ノボロギクなど	品種改良があまりされていない野性味に富んだ野菜を選ぶ。もみがら燻炭と完熟たい肥を浅くすき込み、果菜を育てる場合には完熟たい肥を定植前の植え穴か、その近くに施す	ミニトマト、イチゴ、キュウリ、ケール、サニーレタス、山東菜、ニラ、ワケギ、オカノリ、シソ、ハーブ類、インゲン、カボチャ、ニンジン、ダイコン、小カブ、ハツカダイコンなど
3 [肥沃地]	オオイヌノフグリ、ハコベ、ナズナ、ヒメオドリコソウ、ホトケノザなど	野菜がほとんど無肥料でも育つ	野菜全般

◎ステージ0の土に生える草

ススキ　チガヤ　セイタカアワダチソウ　ヨモギ　クズ

◎ステージ1の土に生える草

スギナ　シロツメクサ　ハハコグサ　ギシギシ　イヌタデ

◎ステージ2の土に生える草

シロザ　スベリヒユ　スズメノカタビラ　ノボロギク　カラスノエンドウ

◎ステージ3の土に生える草

オオイヌノフグリ　ハコベ　ナズナ　ヒメオドリコソウ　ホトケノザ

(参考資料：竹内孝功『これならできる！自然菜園』農文協刊、嶺田拓也『ポケット版田んぼの生きもの図鑑 植物編』NPO法人植物多様性農業支援センター)

5 耕作放棄地の再生 ④放牧による再生

耕作放棄地に牛を放すと、草が生い茂ったところに押し入って草をきれいに食べてくれます。放牧という牛の力を借りた農地を維持する方法も考えてみてはいかがでしょうか。

獣害防止やコミュニティ対策にも

山口県から始まった耕作放棄水田などを活用した放牧は、牛の力を借りて農地を維持できるだけでなく、最近では山林と田畑の間に放牧することで、放牧地がイノシシやサルなどの田畑への侵入を防止する緩衝帯となって、獣害を予防することにもつながっています。

また、牛のいる風景は地域の住民の心を和ませ、住民同士のコミュニケーションを活発にする共通の明るい話題を提供してくれます。

初めて放牧する際に知っておきたいこと

放牧の準備から牛を飼い始めるまでのポイントを、山口県内での事例を踏まえてご紹介します。実際に放牧を行う際は市町村等に相談のうえで行いましょう。

（参考資料：島田芳子「集落営農で上手に牛を導入するためのポイント」／『現代農業』より）

①地域住民に理解してもらうために実証展示を

実際に放牧を通じて荒れた農地や山林がきれいになっていく様子を住民に見てもらい、放牧について理解してもらう必要があります。住民がよく使う道路沿いの耕作放棄田など、住民の目の届きやすいところを実証展示にすると効果が大きいでしょう。

②放牧は2頭1組を基本に

牛は元来群れで生活する動物のため、2頭1組を基本に放牧しましょう。毎日見回りに出かけて牛の健康状態を良好に保つように心がけるだけで、日々の糞出しなどの作業は必要ないため、飼育管理は簡単です。

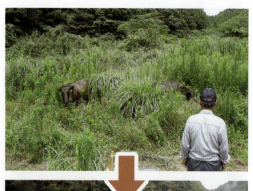

草の生い茂った耕作放地に放牧すると、このように牛がきれいに草を食べてくれる
（写真提供：山口県・島田芳子）

耕作放棄地放牧実施のチェック表

	項目	チェック	備考
1	安全管理		子供や地域住民への電気牧柵の掲示
2	地域との調整		自治会・周辺住民
3	土地の調整		利用権設定・境界の確認
4	水路等への影響		
5	関係機関との調整		市町村・JA・共済
6	地主の理解度		畦畔の崩壊・最終的な野草の除去
7	共済保険への加入		
8	放牧地の地形		傾斜・段差・石垣等
9	地目・面積		
10	電牧施設		自己設置・レンタル
11	電牧施設の設置		自家施工の可能性
12	牧柵道の草刈り		
13	放牧牛の所有		自己牛・レンタル
14	草種・草量		
15	放牧予定期間		
16	水の確保		川・水道・持ち込み等
17	牛の飼養経験の有無		
18	野犬・野獣等の有無		
	総合判定		

③初めての場合は放牧に慣れた牛で

　初めて放牧を行う際はぜひ放牧に慣れた牛を使いましょう。普段から放牧に取り組んでいる畜産農家に相談して、借り受けるのも方法です。

④草が十分にあれば10aからでも放牧可能

　2頭1組で入れる場合、草の量が十分あれば放牧面積は10aからでも可能で、10aだと1週間ほど放牧できます。牛は踏み倒した草や糞がついた草は食べないため、放牧地が1ha以上ある場合、行動範囲を制限するために30aほどに区切って、順に放牧を行うと無駄なく草を食べさせることができます。

⑤囲いは電気牧柵で

　牛が逃げないように、囲いとして電気牧柵を設置します。電気牧柵は草が触れると漏電してしまうため、電気牧柵を設置する場所は事前に草刈りをしておくことが大切です。組織メンバーの力を借りれば、電気牧柵の設置や草刈りは早く楽しくできるはずです。

⑥放牧には水飲み場の確保も必要

　夏場に牛は1日最大45ℓほどの水を飲むため、放牧地には飲み水を確保する必要があります。水路や湧水がきれいな場合はそれらを水飲み場として利用できます。水源が近くにない場合は給水タンク（100ℓ以上の容量）を設置します。使わなくなった風呂桶などを利用するのもよいでしょう。

500ℓのタンクを設置した水飲み場。牛が飲めるようにコンテナに水を引くようにしている
（写真提供：山口県・島田芳子）

⑦毎日一度は牛の様子を観察する

　放牧中は、毎日一度は牛や放牧地の観察を行いましょう。草をちゃんと食べているか、痩せていないかなど牛の様子を見ると同時に、電気牧柵の電圧や草や飲み水の量を確認します。この確認作業は組織内で当番を決めて複数の人で行えば楽にこなせます。

⑧病気や事故への対応を

　ダニが媒介する病気を予防するために、放牧開始時と終了時、および放牧期間中は1カ月間隔で殺ダニ剤を牛に塗布しましょう。また、牛が脱柵して交通事故等が発生することも考えられます。牛を借りる際は、家畜共済への加入の有無、事故や病気などが発生した場合の対応について、事前に牛の持ち主ともよく話し合っておきましょう。

⑨草の量や牛の様子で放牧終了時期を判断する

　放牧終了は放牧地の草の残量で決めます。牛が電気牧柵の外へ首を伸ばして草を食べていたり、人を見るとエサをもらえると思って走って近寄ってきたりする場合は、牛の食べる草がなくなっていることが多いので、放牧を終える目安にしましょう。なお、放牧終了時に牛を捕獲しやすいように、フスマや糖蜜などで作った飼料を放牧中から与えて人に慣れさせておくことも大事です。

⑩冬場は簡易牛舎で

　晩秋から春までの草がなくて放牧ができない時期や、分娩、子牛育成をする際は牛舎が必要となります。少頭数の場合は、大がかりな牛舎ではなく既存のビニールハウスなどを利用した牛舎、廃材や鋼管パイプなどを利用した低コストの牛舎でOKです。

6 市民農園の開設

長年にわたって休耕・耕作放棄状態になっていた田んぼや畑を、集落協定組織として草刈り、整備し、市民農園として貸し出す取組みが広がっています。

市民農園を開設する手続き

特定農地貸付法の改正により、農家が自ら市民農園（貸し農園方式）を開設したり、企業やNPOなどに農地を貸付けたうえで開設したりすることができるようになりました。

市民農園には以下のようなタイプがありますが、それぞれの制度の違いやメリット・デメリットを知った上で選択するとよいでしょう。

復活した棚田を利用した杉山市民農園（舞鶴市）は本直接支払制度を活用して2001年9月に開園（現在はNPO法人が開設主体）

市民農園のタイプ別長所・短所

	特定農地貸付方式 日常型市民農園	入園利用方式 日常型市民農園	滞在型市民農園	体験農園
開設者	市町村、農協、農家 NPO、企業、個人他	農家	実質的に市町村	農家
相続税猶予	×	○〜△	×	○
農家が行う開設までの公的手続き	必要 *1	なし	市町村が手続きをするので、農家自身は楽	なし
農家の収入	低い	中程度	低い	高い
基づく法律	特定農地貸付法または市民農園整備促進法	なし。ただし市民農園整備促進法の適用も地域によっては受けられる	特定農地貸付法または市民農園整備促進法	なし。ただし市民農園整備促進法の適用も地域によっては受けられる
開設投資	農園によりさまざま	低い	高い（農家の負担ではない）	利用者の農具、種苗などの経費がかかる
長所	・農地法上の扱いが明確 ・必ず市町村が関係してくるので、安心して進められる ・公的支援を受けやすい	・農家なら自由に開設、運営できる ・利用者に農地に対する規制は生じない ・利用者が土づくり、輪作を進める仕組みをつくれる ・利用者の長期間利用が可能	・農地法上の扱いが明確 ・必ず市町村が関係してくるので、安心して進められる ・公的支援を受けやすい ・事業規模が大きく広報効果は大きい ・利用者を滞在逗留させることができる	・農家なら自由に開設、運営できる ・利用者に農地に対する権利は生じない ・高い利用料設定が可能 ・利用者をコントロールできる（その必要がある）
短所	・利用者に農地に対する権利発生 ・市町村が同意しないと動けない ・利用者の長期利用不可	・開設運営は自力でやるので、公共団体によるフォロー（支援）が欲しい ・公的支援を受けにくい	・利用者に農地に対する権利発生 ・市町村が同意しないと動けない	・開設、運営は自力でやらなければならない（そのため、公共的な団体のパートナーが欲しい） ・利用者を栽培全期間を通して指導する能力と時間が必要

※1 農家が自分で開設せず、市町村や農協に土地を委託した場合、必要な手続きは市町村・農協が主導権をとってすすめるので楽である

市民農園を開設するまでの流れ

以下のような手順で準備をはじめてみましょう。

発想から開園までの流れ（入園利用方式の場合）

1　市民農園の開設を発想する

2　つくりたい場所の立地条件を確認する
- 附属施設（駐車場、休憩施設、トイレ、道具小屋など）の整備の必要はあるか？
- 地形により区画割に工夫が必要（できれば農園は水平が望ましい）　など

3　パートナー（協力者）を探す
- 利用予定者などの協力によりスムーズに開園が可能に（利用者組織の下地づくりも）

4　農園の大枠を設計する
- 特定農園貸付方式の場合には法定の手続きが必要で、外部に出せる書面形式が必要
- 入園利用方式では自分たちが使いやすい、わかりやすい、つくりやすいものでOK
- 利用者の声を反映させる（区画面積、通路幅、付帯施設、水場、道具置き場、ゴミ場など）

5　農園を造成する
- 大きな巻尺、シュロヒモ、竹杭や間伐材の丸太杭で手づくりでもOK
- 区画が不整形であれば、それぞれに応じた価格設定でも可

6　利用者組織をつくる
- 早めに利用者組織の準備会をつくるとよい（事前のお手伝いをいろいろと頼める）
- 利用者組織が運営の強力なパートナーに（利用者全員が加入するように働きかけを）

7　利用者を募集する
- まずは利用予定者など身近なところの口コミで、身近なところから
- 市町やJAなどに相談し、公的な広報の活用も働きかけを

8　利用規則をつくる
- 盛り込む内容は、最低限守るべきマナー、基本的な利用の仕方、管理作業への参加など
- 開園時に利用者全員に「利用規則」を配布し、内容をしっかり告知するとよい

9　利用料を設定する
- 必ず園主と利用者で協議を（収益と管理・運営費と分けて考える）

10　「入園利用契約書」を結ぶ
- 口約束はトラブルの元なので、必ず文書で契約する
- 利用者一人ひとりと個別に契約する（できれば毎年の更新が望ましい）

11　市民農園を開園する

7 景観作物の作付け

景観作物はむらを彩るとともに、雑草を抑え、土を肥やし、さらに料理や食品加工の材料にもなります。休耕田や法面、農道の路肩などに景観作物を植え、むらを明るく彩りましょう。

景観作物を植栽する上でのポイント

　ナバナやレンゲ、ヒマワリ、コスモス、ソバなどの景観作物は、休耕田などの雑草を抑制し、景観を美しく管理するための手段として有効ですが、多様な活用法も考えて植栽することが大切です。花畑は人々を引き寄せる魅力にあふれているので、花の時期に合わせてぜひ地域の子どもたちや住民、また都市の住民に向けたイベントを企画してみましょう（78・79頁「イベント企画の立案と広報」参照）。また、油の原料や蜜源になる作物については、油しぼりや養蜂との組み合わせを考えるなど、地域の仕事づくりにつなげていくのもよいでしょう。

静岡県袋井市三川地区では、麦を収穫したあとの8月に種まきし、10月中旬から11月中旬にかけて100万本ものヒマワリやコスモスを咲かせ、「源氏の里ひまわり祭」（ステージ、物産市など）を開催する

代表的な景観作物とその活用法

作目	播種時期	開花時期	活用方法
ナバナ	9月〜11月	翌2月〜5月	食用油、蜜源、食用
レンゲ	9月〜11月	翌4月〜5月	肥料、蜜源、首飾り、食用
ヒマワリ	5月〜7月	7月〜9月	食用油
コスモス	4月〜6月	7月〜9月	花束
ソバ（秋）	8月	9月〜10月	蜜源、そば打ち、そば茶

レンゲ祭りでレンゲを楽しむ

花を見て、摘んで楽しむだけでなく、食べたり、遊んだりしてみましょう。

【味わう】
　お浸しにすると春の香りの青臭さが少しだけあるだけで、ほとんどクセがありません。ゆでるコツは、沸騰したお湯に塩をひとつまみ入れ、1分ほどさっとゆでること。ゆでてすぐに冷水にとると色鮮やかに仕上がります。

【遊ぶ】
・スミレで相撲
花の首をからませて、引っぱり合います。
・タンポポとレンゲの風車
タンポポなど茎の中が空いている植物とレンゲの花を使用。タンポポの茎の部分を切り、その切り口にレンゲの花を差しこみます。横から息をふきかけると、ピンクの風車がくるくる回ります。

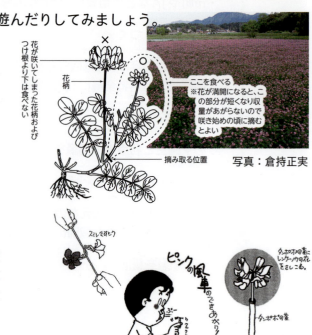

写真：倉持正実

景観作物を植栽する上でのポイント

他にも以下のような代表的な景観作物があります。植栽にあたっては、それぞれの作物の特徴や花の時期などを確認し、地域の気候や土地の状況に見合った作物を選びましょう。

種類 / 科名 / 原産地	草姿	特徴
ヒメイワダレソウ クマツヅラ科 ペルー原産 ほふく性半落葉低木		葉はへら状、披針形で、長さ1.8cm程度。茎はほふくし、節から根を出して伸びる。花は径約1cmで白色から淡ピンク色、初夏に株一面に咲かせ、花で株が埋まるほど咲く。肥沃な適湿地では繁殖力が非常に強く、1株が1年で1m四方に広がる。積雪地帯でも植栽でき、地上部は落葉するが地下部は越冬し、春から芽を出す。東北地方など寒地では冬期間葉を落とす。ほふく茎が土と接しているところから容易に発根するので、増殖は非常に簡単である。草丈が低いので、天端、法面部分に植栽が可能である。
ヒガンバナ ヒガンバナ科 中国原産 多年草		冬緑性の球根。秋の彼岸頃に鱗茎から花茎を伸ばし、赤い花をつける。開花後、長さ30〜50cm、幅6〜8mmのやや多肉質の根生葉を出す。葉は冬の間に茂り、夏に枯れるから、他のグラウンドカバープランツが冬に葉が枯れる種類が多いなかで貴重な存在である。圃場整備により少なくなってきており、あちらこちらで球根を積極的に植える試みがなされている。忌み嫌われることもあったが、近年見直されつつある。
アジュガ シソ科 ヨーロッパ原産 常緑多年草		日本にはキランソウ、ジュウニヒトエなどが自生している。グラウンドカバーに用いられるのはアジュガレプタンスである。茎は地面をはい、直立しない。葉は対生で、株元に放射状に着く。4〜5月に咲く青紫色の穂状の花が注目を浴びている。花の美しさでは、グラウンドカバープランツのなかでも有数の種類である。半日陰で適度の湿り気がある肥沃な畦畔に最適な植物である。繁殖力が旺盛で、花が終わると株元から長いほふく茎を出し、その先に子株をつけ、ほふく茎の節からも発根してカーペット状に広がる。気温が下がると葉が赤紫となり美しい。天端にも法面部分にも植栽できる。常緑であること、青紫色の穂状の花が美しいことから、全国的に植栽例が多い。
イブキジャコウソウ シソ科 日本、中国、など原産 常緑性小低木		草丈5〜10cm。葉は長さ8mm内外、幅5mm内外の卵形で密生する。植物体に芳香があり、この種類のなかにはハーブとして利用されるものもある。6〜7月に株一面に紅紫色の花をつける。寒さに当たると葉が赤銅色となり美しい。ジャコウソウの仲間には種類が多く、草丈、花色と花期に違いがある。耐寒性、耐乾性が強いが、暑さにはやや弱く、特に老化株で弱い。天端、法面部分に植栽できる。
マツバギク ツルナ科 南アフリカ原産 常緑多年草		多肉質の葉が対生し、茎の先端に光沢のある花を咲かせる。ピンク色が基本であり、赤味の濃いものから淡いものまで地域により花色の変異がある。花は日が当たると開き、日陰では閉じ、花期が長く美しい。年数がたつと基部が木質化する。湿害を受けやすく、梅雨期に病害が発生しやすい。天端部分に植栽すると、多肉質のため踏みつけでつぶれ、滑りやすい。石垣や法面部分の、礫が多く水はけがよい、日当りの良好な場所に植え付ける。

8 石垣補修と石積み

傾斜の多い中山間地域で暮らすためには、耕地や宅地を確保・維持するために石垣で土を止めることが不可欠です。土地の野石（自然石）を積んでつくられた石垣をしっかりと維持・管理していきましょう。

なぜ石垣を守る必要があるのか？

構成美にあふれた石垣は、時とともに風合いを増し、景観を引き立ててくれます。また、石と石の間にはさまざまな動植物が住みついて、自然環境としてみても優れた機能を持っています。

昔の石垣は水はけがよく、相互の石がからみ合って補強し合うので地震にも強く、また、多少崩れても補修がしやすいという利点があります。こうした石垣の機能を見直し、その構造を知った上で集落内の石垣の補修や新たに設置をすすめてみましょう。

土地を創る石垣

石の転がった（埋まった）ままの斜面では耕作しにくく、家も建てにくい。石が隠れた草地は、草刈りがやりにくいものだ

石垣は平らな土地を生み出すだけでなく、石を1ヶ所に集めることで管理しやすい土地をつくりだせる

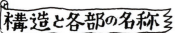

構造と各部の名称

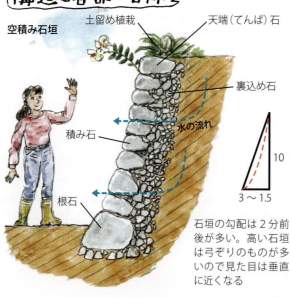

空積み石垣／土留め植栽／天端（てんば）石／裏込め石／積み石／水の流れ／根石

石垣の勾配は2分前後が多い。高い石垣は弓ぞりのものが多いので見た目は垂直に近くなる（3〜1.5：10）

石の種類と形

野石（自然石）
- 山に多い角ばった石
- 河原に多い丸石（玉石）
- 目に沿って割れる石

切り石（樵石）
- 石切り場から産出
- さらに積みやすく加工した間知石

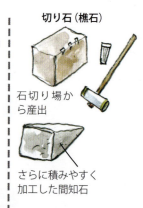

石垣の表面に出る部分を「ツラ」、隠れて中に入る部分を「控え」と呼ぶ。控えが深い石を使うのがポイント

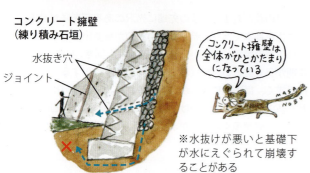

コンクリート擁壁（練り積み石垣）／水抜き穴／ジョイント

コンクリート擁壁は全体がひとかたまりになっている

※水抜けが悪いと基礎下が水にえぐられて崩壊することがある

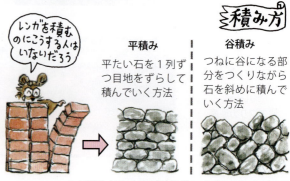

積み方

平積み：平たい石を1列ずつ目地をずらして積んでいく方法

谷積み：つねに谷になる部分をつくりながら石を斜めに積んでいく方法

レンガを積むのにこうする人はいないだろう

※平積みは石を選ぶが谷積みはどんな石でも可能

石の選び方と石の積み方の基本

　積石は少なくとも控え（奥行き）25～30cm以上ある大きさの石が理想です。20cm以下の石は裏込め石に使えるようにとっておきます。形としては長方形やラッキョウ形、平たい石がよいでしょう。

　まずは集めた石の中で大きな石から根石に使います。根石を置く地面はあらかじめ丸太などでついて締め固めておいてから据えます。石は「ツラ（表面）より控え（奥行き）を長くとって積む」のが基本で、根石の上に下から1段ずつ大きい石から順に、上段になるにしたがって少しずつ小さい石になるように積んでいきます。

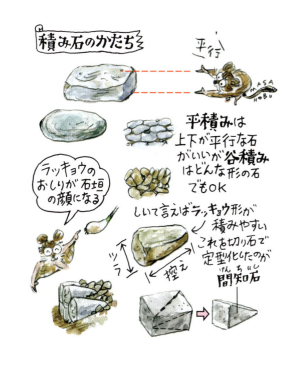

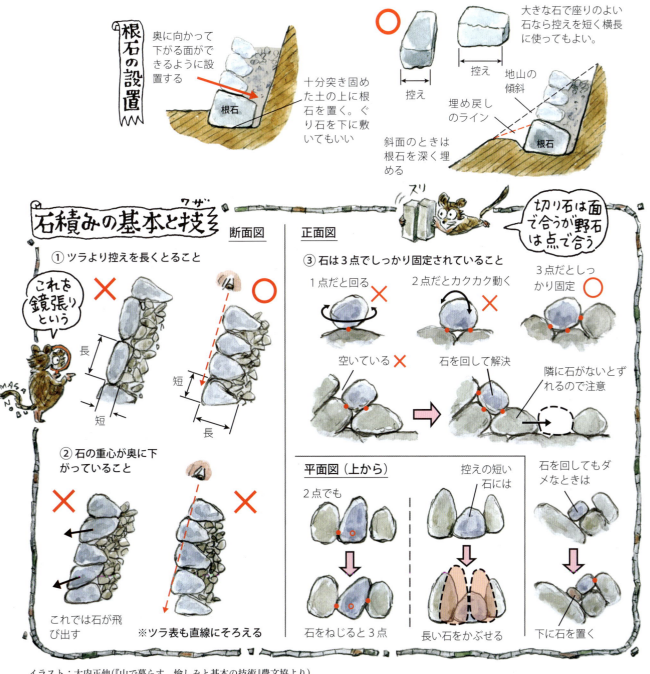

イラスト：大内正伸（『山で暮らす　愉しみと基本の技術』農文協より）

鳥獣被害の防止 ①鳥獣を寄せない集落環境づくり

農地利用の障害となる鳥獣被害を防ぐ対策は、営農・生活環境全体の改善を図ることにつながります。集落の環境を見直し、皆で鳥獣を寄せつけない環境をつくっていきましょう。

鳥獣被害から地域を守るには

集落に鳥獣がやってくるには理由があります。その理由を皆で考え、集落ぐるみで対策に取り組みましょう。

原因1　隠れ場所
耕作放棄地や竹林の放置などによって集落内に鳥獣たちの隠れ場所が広がっています。山林から集落に連なる農地や竹林などはとくに荒廃しないように、草刈りや竹伐りなど継続的な手入れが必要です。

原因2　餌付け
集落内にある農作物や生ごみは動物にとっておいしいエサ。被害が起こるのは、下の図のように「餌付け」している実態が集落のあちらこちらにあるからです。こうしたエサをなくすのが鳥獣害対策の第一歩です。

原因3　人慣れ
鳥獣のエサとなるものが集落内に放置され、しかも食べているところを追い払いもしなければ、人慣れして何度でもやってきます。大きい音を出すなどして根気強く追い払い、「人は怖い」「人は敵だ」と思わせることが重要です。

身の回りの環境をチェックしてみましょう！

（注）イノシシに出会った時には、興奮させないようにゆっくり後退して離れ、静かに立ち去るようにしましょう。

集落に鳥獣を寄せない方法

❶ 草刈りによって隠れ場所をなくす

集落内の耕作放棄地や竹ヤブなどの隠れ場所をなくすことが被害を防ぐための基本です。すべて解消するのが無理でも、農地や集落周辺から隠れ場所をなくしていくように努めましょう。

農地のまわりを2～3m刈り払うだけでも効果がある

❷ みんなで追い払う

農作物の生育期や収穫期だけでなく、見かけたら年中追い払うようにしましょう。「人間は怖い！危険だ！」と学習させることが必要です。

❸「エサ場」をなくす

農作物はもちろんのこと、身の回りの思わぬものが野生鳥獣を引き寄せるエサとなります。野生鳥獣にそこがエサ場だと学習させないように、田畑や家のまわりの環境を改善していきましょう。

見かけたら、とにかく追い払う

ここが鳥獣の「エサ場」になっている！

❹ 防護柵でしっかりと囲う

田畑を守るのに欠かせないのが防護柵です。柵には、ネット柵や電気柵、金属フェンスなどいくつかの種類があります。それぞれの柵の特徴を把握するとともに、獣種や現場に合わせたものを設置しましょう。また、定期的な柵のメンテナンスを欠かさないことも大切です。

シカには電気柵が効果的

9 鳥獣被害の防止 ②防護柵の設置とメンテナンス

鳥獣被害防護柵は種類ごとの特徴を把握し、獣害に合わせて正しく設置しましょう。また、設置した柵はきちんとメンテナンスして、効果を持続させることも大切です。

柵の設置にあたって注意すべきこと

柵は設置さえすれば大丈夫というものではありません。どの柵でも注意したい点が3つあります。

①しっかり囲む、すき間をあけない
柵の下に隙間があるとイノシシは穴を掘って潜ってきます。下にトタンを追加設置したり、木材や竹で固定したりすると効果的です。
②柵は作物から離して設置する（作物を柵から離して植える）
作物が柵の間近にあると食べようとする動機づけを強くします。また、電気柵では作物の葉や下草が接触すると漏電して効果がなくなります。
③柵の外側に管理点検するためのスペースを確保する
　畑や山林のギリギリのところで設置するのではなく、柵の管理がしやすいように周りに管理用の道路（通路）をつくりましょう。

　以上のことを守ることで、動物は「柵のあるところではエサにありつけない」と認識するようになります。

電気柵

ワイヤーメッシュ柵

トタン柵

ネット柵

それぞれの柵には以下のような特徴があります。特徴を把握したうえで、獣種や現場に合わせたものを設置しましょう。また、効果を持続させるためには定期的な柵のメンテナンスが欠かせません。

種類	特徴	主な対象獣
電気柵	数千ボルトの微電流を1秒間に1回程度、瞬間的に流れるよう設定し、電気ショックを与える。電線を張る適切な高さ・間隔の確保、漏電予防、適正な電圧のチェックが必要となる	イノシシ、シカ、（サル）
ワイヤーメッシュ柵 金網柵	丈夫な鋼線を縦横に溶接した建築資材で、強度に優れる。くぐり抜けや針金の切断などのないように定期点検が欠かせない	イノシシ、シカ
トタン柵	中の作物を見せない目隠し効果に優れる。地際やカド、継ぎ目にすき間を作らないことが重要である	イノシシ
ネット柵	金属に比べると強度に問題があるものの、足などが絡まりやすいネットは特にシカには嫌がられる。外側に斜めに垂らして張るとシカには効果的である	イノシシ、シカ、サル

柵の設置・メンテナンス上の注意点

柵の種類ごとのポイントは以下のとおりです。

電気柵の場合

24時間通電が鉄則です。毛皮部分は通電しにくいため、足裏や鼻先などの感電しやすい部位がプラス線と地面（またはマイナス線）の両方に同時に触れるように設置します。

電圧は4,000ボルト以上を確保する必要があるため、電圧チェックをときどき行いましょう。また、設置後は断線や草木等による漏電がないように定期的な点検や柵周辺の草刈りも欠かせません。

感電事故防止のために注意すること

- 30ボルト以上の電源（コンセント用の交流100ボルト等）から供給するときは、電気用品安全法の適用を受ける電源装置を使用する。
- 人が立ち入りやすい場所に設置する場合は、危険防止のために漏電遮断器を設置する。
- 設置場所には、危険であることを知らせる見やすい表示（子どもも読めるように「ひらがな」を含めて）を複数設置する。

ワイヤーメッシュ柵・金網柵の場合

ワイヤーメッシュ柵の鋼線は太さ5mm程度のものを使い、支柱は2m程度の間隔で地中にしっかりと打ち込み、鋼線を支柱に針金で強く固定します。地面と接する部分はくぐり抜けられないように支柱にしっかり固定しましょう。

金網柵は針金が切断されたり、編み目を広げられたりすることがあるため、定期的に点検を行いましょう。

ネット柵の場合

網み目の目合いはイノシシの幼獣（ウリ坊）が通り抜けられないように、10cm以下にします。ネットは地面とのすき間がないように張りましょう。なお、シカやイノシシは足元に障害物があると嫌がるため、ネットを外側に斜めに垂らして張ると柵に近づきにくくなります。

電気柵の原理

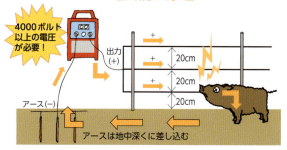

電線には＋の電気が流れています。イノシシが電線に触れることで、土を通して電流が流れることで効果がでる

前足から土へ電気が通るため、柵は舗装道路から50cm以上離す

ワイヤーメッシュの上部30cmほどを外側に20〜30度折り返すと飛越し防止になる

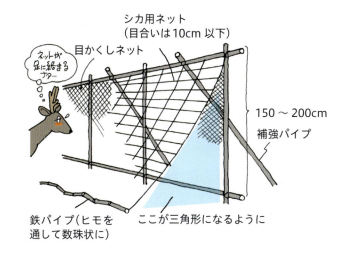

10 機械の共同利用 ①トラクターの点検・整備

トラクターはほこりが多い作業環境で稼働させるため、エンジン内部にまで細かいゴミが入りやすく、点検や清掃、メンテナンスを怠ると、摩耗や腐食が進行して寿命が大きく縮むことになります。

長持ちさせる上手なメンテナンス方法

　耕うんや代かきなどに頑張ってくれたトラクターやアタッチメントは、しまう前にきれいに洗浄して泥やゴミを落とし、さらに以下の部分をしっかり点検し、次のシーズンもピカピカで元気に働けるように必要なメンテナンスを行いましょう。できれば春と秋の2回は行いたいものです。

　なお、清掃や点検・整備を行う際は、キーを抜き、歯止めをかけ、確実に安全を確保してから行うようにしましょう。

トラクターの点検場所／冷却水のフタ／防塵網／ラジエター／バッテリー／ファンベルト／エンジンオイル

バッテリー　マイナス端子を外す

　バッテリーはエンジンをかけるための電気を蓄える役割を持つので、放電を防ぐと長持ちできる。トラクターを使わないときはバッテリーのマイナス端子を外しておくと放電を防ぐことができる。

エンジンオイル　手で触って点検、ザラザラに感じたら交換

　50時間以上たったらオイルを手で触り、ザラザラになっているのを確認できたら交換する（ザラザラ感がなければ100時間は交換不要）。なお、オイル交換の際はオイルフィルターもあわせて交換する。

ラジエター　フィンの部分まできれいに清掃を

　ゴミが付着すると目詰まりを起こしてオーバーヒートの原因に。防塵網を外して、ブラシやブロワーなどを使ってしっかりとゴミを取り除く。冷却水も足りなければ補充する。

ファンベルト　指押し確認で張りをキープする

　ファンベルトがちゃんと張っていないとファンが回らずにエンジンを冷やせない。指で押して1cmくらい動く程度の張りをキープするように調整する。

タイヤ　適正な空気圧を保つ

　タイヤは地面に接しているところがグリップ力（摩擦力）になって車体を動かす。そのため、タイヤ全面をうまく使える空気圧に調整し、地面に接する部分を増やすことでグリップ力が増し、タイヤも長持ちさせることができる。

ロータリ　草などの絡まりを除去

　草などが絡まったら、すぐに除去する。とくに両端の軸受けのすき間にゴミが入り込むと、チェーンケースを押して軸やオイルシールを壊すことがある。また、ロータリの爪を固定するナットに緩みがないかどうかを確認する。緩んでいると爪を棒で軽く叩いた時に音が震えて聞こえるので、しっかりとナットを締める。爪は徐々に摩耗するため、細く痩せた爪や変形した爪、折れた爪は交換する。

ユニバーサルジョイント部　グリス補充を

　トラクターのPTOとアタッチメントをつなぐ部分で、作業中は常にぐるぐる回っているため、グリスが減るとどんどん傷んでくる。アタッチメントの取り外しの際は必ずグリスの補充を行いたい。

フィンに溜まったゴミは硬くない針金で傷つけないように掃除する

空気圧を高めすぎるとタイヤの真ん中しか地面につかないため、その部分がすり減りやすくなる

ロータリの軸受けのすき間のゴミも除去する

※機械を使い終わって洗ったあと、サビ止めをハンドスプレーで金属部分全体に吹き付けておくと、保管中のサビや劣化を防ぐことがでる。

（写真はすべて倉持正実撮影）

10 機械の共同利用 ②コンバインの点検・整備

コンバインは共同利用がとくに多い農業機械。しかもとても高価で、構造も複雑で「ヤワ」な機械です。その分、収穫開始前と日常の整備が重要となります。

長持ちさせる上手なメンテナンス方法

収穫した日は毎回、足まわりやチェーンなどを掃除しましょう。泥やゴミがたまると、収穫時に余計な負荷がかかってしまうからです。

全部の収穫が終わったら、格納する前に、以下の手順でコンバイン全体を徹底的に掃除し、点検・整備を行いましょう。コンバインは長く倉庫に眠っている間に傷むことがよくあります。塗装が剥げて金属がむき出しになった部分はどんどん錆び、残ったモミ目当てで入ったネズミがパッキンなどを食い荒らし、垂れ流す糞尿でさらにサビが悪化します。

(注)清掃や点検・整備を行う際は、キーを抜き、歯止めをかけ、確実に安全を確保してから行うようにしましょう。

掃除と点検・整備をする順番

① 刈り刃や足まわり
② グレンタンクまわり
③ 排ワラ部・こぎ胴まわり（裏側）
④ 各部の搬送チェーン
⑤ エアクリーナ
⑥ シーブケース（内部）

最後に各所のサビ止め塗装、サビ止め剤を吹きつける。

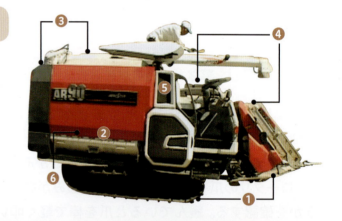

掃除と点検・整備に使う道具

① 掃除機
② ブロワー
③ ラッカースプレー（サビ止め塗装用）
④ サビ止め剤（メーカー純正）
⑤ スプレーガン（サビ止め剤用。コンプレッサーにつなげて使う）
⑥ エアガン

そのほかすき間に詰まった泥をかき出すための太めの針金や、柄の長い山菜取り用の鎌などがあると便利。サビの原因になるので水は使わないのが無難。水洗いする場合は電装品にかからないように注意し、終わったら乾燥した布で拭き上げる。

A 刈り刃は真っ先にサビ止め塗装する

放っておくとすぐ錆る部分なので、最低ここだけは真っ先に塗装しておく。格納前にはあちこちのすき間に入った泥をかき出し、刈り刃と受け刃のすき間（約2mmが標準）が広がりすぎてないか点検する。

B クローラまわりの泥はしっかりかき出す

すき間に詰まった泥は潤滑油を吸ってしまうので、針金などでしっかりかき出す。

C モミ・ワラくずを残さない

排ワラ部、こぎ胴、受け網、搬送チェーンに残ったモミ・ワラくずはブロワーやエアガンで吹き飛ばすか、掃除機で吸い取って残さない。

搬送チェーンのスプロケットの軸に絡まったワラをエアガンで吹き飛ばす

グレンタンクはモミがたくさん残るので、空転後、底のカバーを開けて掃除機で吸い取る

D 空運転してホコリを出す

掃除が終わったら空運転して、掃除で取れなかったモミ・ワラくずを吐き出す。

こぎ胴を手で回し、ベルトなどに詰まったゴミを出す

E シーブケース（揺動板）をサビ止め塗装する

モミを選別するシーブケースはモミとの摩擦によって磨り減り、錆びやすい。引き出して掃除したあと、塗装してサビを防ぐ。

F サビ止め剤を吹き付けて仕上げる

刈り取り部、搬送チェーンなど、各所にサビ止め剤を吹き付ける。ネズミがこもらないよう、カバーは全部とって通気性をよくし、雨露を防げて風通しのよい場所に格納する。

11 農業の六次産業化 ①特産物の開発

特産物の開発にあたって重要なのは、地域にもともとある農産物や山野草、捕獲鳥獣などの資源を活かすことですが、地域の風土に合った新規農産物の導入やルーツに着目した視点など柔軟な発想も必要です。

特産物を開発する際の基本視点

①地域で生産、採取・捕獲された農産物や山野草、鳥獣などを基本に、安全で健康によいものを開発する。
②先人の知恵の結晶である伝統食品からヒントを得る。
③伝統的な技術のなかに最先端の高度な技術も生かす。
④その土地の文化や歴史を感じさせる製品を追究する。

　さらに、商品開発では新規農産物にも目を向けたり、農産物や食品のルーツ（伝統的なものでも意外に他地域や海外から伝わってきたものも多い）に目を向けて考えたりするなど、柔軟な発想や遊び心も大切です。

地域の山や庭先で採れる葉っぱをネット販売する農家も。紅葉したカキの葉は季節の移ろいを演出する"金の葉っぱ"に（10〜20cmの葉が10枚250円）

山で採れる四季の食用資源の例

季節	山菜	木の芽 乾物（出荷時期）	木の実
春3〜5月	ウワバミソウ、アシタバ、セリ、シオデ、タンポポ、ツクシ、ナズナ、ノカンゾウ、ワラビ、ノビル、野生ダイコン、オオバギボウシ、オカヒジキ、オランダガラシ、チシマザサ、ギョウジャニンニク、ツルナ、ゼンマイ、フキ、フキノトウ、モミジガサ、ミヤマイラクサ	アケビの芽、ウコギの芽、コシアブラの芽、サンショウの芽、タラノキの芽、マタタビの芽、ヤマブドウの芽、リョウブの芽、ノカンゾウ	
夏6〜8月	ジュンサイ、バイカモ、ヒシ、ツルナ、ウワバミソウ	タラノキの芽（タラノメ／夏出し）、リョウブの芽（高地）	キイチゴ、クワノミ、グミ、ニホンスモモ、コケモモ、マタタビ
秋9〜11月	ヤマノイモ、ヤマユリ、モリアザミ、ワサビ、ホドイモ	乾燥クサギ、乾燥ノカンゾウ、乾燥タケノコ	ヤマブドウ、ナツハゼ、ガマズミ、ヤマモモ、ヤマボウシ、サルナシ、アケビ、カヤ、イチョウ、ムベ、クルミ、マツブサ
冬11〜2月	コシアブラ、セリ、ワサビ、野生ダイコン	乾燥ゼンマイ、乾燥ノカンゾウ、乾燥カタクリ	

新商品を発想するコツ

①**素材（原料）の特性から発想する** … ウメを例にとると、大小・過熟・未熟など、いろいろな素材のよさを引き出し、それぞれの個性にあった加工をすることが重要です。
　(例)過熟ぎみのウメ：梅干しに／過熟・傷物などのウメ：ジャムやジュースに／実の小さいウメ：砂糖漬けや梅肉エキスに

②**枝分かれ式に発想を広げながら新商品を開発する** … 一次加工した素材同士を組み合わせて別の加工品をつくるというように、枝分かれ式に発想を広げて考えてみることも重要です。その際に高度な技術や機械が必要な加工は、無理せずに専門業者に委託してもよいでしょう（71頁の図と写真を参照）。

特産物を開発するための手順と方法

　専門家のアドバイスや成功事例なども参考にしながら、以下の1から5のような手順を踏んで着実に開発を行っていきましょう。

1．開発すべき地域特産物の決定

①**地域農産物や加工品の調査**…地域の特徴ある農産物や加工品にはどのようなものがあるかを、伝統的なものも含めて調査する。

②**地域農産物や加工品の生産、出荷、販売実態の調査**…それらの生産場所や生産方法、生産量、販売価格などを調査する。

③**利用者ニーズの把握**…地域住民や都市住民が、どのような農産物の加工品や食文化などの交流を望んでいるかを調査する方法を検討し、調査を計画、実施する。

2．地域特産物の商品化計画

①**品質規格の決定**…農作物の品種や品質、加工品の原材料や味、内容量など地域特産物の規格をどのようにすればニーズに応えられるか、その商品の特性が最大限に発揮されるかを決定する。

②**価格の決定**…販売価格をどのくらいにするかを、商品開発のコンセプトに照らしたグリーン・ツーリズムの販売政策として決めておく。

③**包装（パッケージ）の決定**…どのような容器を用いるか、ラベルはどうするか、包装はどう行うかなどを決定する。

④**販売方法の決定**…産地直送、直売、小売に流通させる、物産展示など有効な販売方法を決定する。

⑤**販売促進方法の決定**…グリーン・ツーリズムへの発展を視野に入れながら、特産物をいかにして知ってもらうか、広告媒体は何を使うか、協力機関も含めて検討する。

3．商品の原価計算

①**製造原価の計算**…種苗費、原材料費など、その商品そのものの原価がいくらになるか計算する。

②**包装（パッケージ費）の計算**…袋やビン、パックなどの費用、ラベルのデザイン費や印刷費などを計算する。

③**広告宣伝費の計算**…販売促進に用いたポスターやパンフレット、商品説明のチラシなど想定される費用を計算する。

④**販売委託手数料**…販売をＪＡや小売店に委託した場合に発生する手数料には、売上額に対して定価、定率などさまざまな計算方法がある。

⑤**商品利益の計算**…農産物やその加工品の生産に要した地代、投下資本利子、労賃を加えて行う。

4．商品の生産と改善

①**仮生産、試作**…商品化計画にしたがって地域特産物を試験的に生産してみる。

②**地域農産物のアンケート調査**…地域や生産に携わった関係者、利用者などに広く提供し、商品についてアンケート調査を行う。

③**商品改良**…アンケート調査を分析し、さらによい商品へと改良を行う。

5．地域特産物の提案

　地域特産物を農村地域の活性化に結びつけていくためには、地域特産物の生産に向けた合意形成が必要になる。協定組織の構成員やＪＡ、地方自治体などに以上の計画について具体的に提案し、実現を目指す。

11 農業の六次産業化 ②地域農産物の加工と販売

女性や若者の発想と力を借りて、地元産農産物を加工し、付加価値をつけて売りたいもの。手づくりのよさを残しつつ経営としても成り立つ農産加工の着眼点を見てみましょう。

農家ならではの手づくりの本物加工を

　農家の農産加工の強みは、新鮮でよい原料が自分の農地や地元で簡単に手に入ることです。農産加工は原料のよしあしが決め手。少しでも新鮮で良質な原料で、おいしい手づくりの本物加工を行って消費者に届けたいものです。昔ながらのやり方だと添加物が入らない分だけ手間がかかりますが、安全性の面でも有利性を発揮できます。

　こうした手づくりの本物加工で、経営的にも採算をとることが重要です。

手づくりの農産加工の経営的着眼点

　手づくりのよさを残しつつ、経営としても成り立つための着眼点は、以下のとおりです。

梅干しのパック詰め作業。長野県飯田市の小池芳子さんの加工所では量がたくさんあるので、約2カ月間、9月頃までいったん塩漬けしておいて、出荷する都度にシソ漬けする　　（赤松富仁撮影）

経営戦略

❶新鮮で良質な原料で、添加物に頼らず、そのよさを引き出す

　農家の農産加工の強みは、新鮮な原材料を身近なところから調達できること。その強みを最大限生かすことが重要です。こうした原料の味は品種だけでなく、畑ごとの肥料のやり方の違いによっても異なってくるため、消費者にはその味の個性をアピールしていくことも大切です。

❷旬を生かす、旬を演出する販売時期を選ぶ

　旬を味方につけながら、売り出す時期をひと工夫することも大切です。たとえば、タケノコのように季節を知らせるものは、旬に売ることが最重要。その一方で、水煮にして真空パックや瓶詰めで保存すると、タケノコが集中して出回る少し前に販売したり、縁起物として喜ばれる正月に高級食材と

タケノコのビン詰め（小池手造り農産加工所）

して販売したりできます。こうした販売のタイミングを工夫することも必要です。

❸消費者の健康志向や本物志向に応える

健康志向に応えて、たとえば果実酢をつくろうとした場合、その酢だけを販売するだけでなく、枝分かれの発想（右図参照）で酢をもとにさまざまの加工品を増やしていくことも重要です。果実酢は他の商品の味に特徴を与えられるだけでなく、酢が酸化防止剤の代わりにもなるので一石二鳥。農家は昔から自給の一環として柿酢のような果実酢をつくってきたので、その機能性を経験的に大いにアピールし、健康食品として販売できるはずです。

❹今後需要が伸びそうな商品や「はざま」商品を見極める

地域の特産品を開発する際に、原料が自分の家や地域にあるかどうかとともに、需要が伸びる商品かどうかを見極めることが必要です。代々伝わってきた「ふるさとの味」は消費者にとっても懐かしさを感じさせ、その味を食べたいという想いがあります。核家族や単身家族が増えたいま、こうした味を食べつないでいきたいという消費者に、手づくりの本物の味を届けることは農産加工の役割でもあります。

枝分かれの発想で生まれる梅の加工品のいろいろ

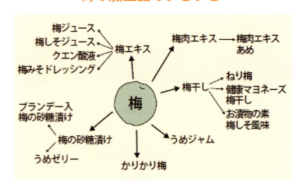

経営管理

❺原価計算をきちんと行って値段をつける

「小さな」農産加工を持続的に営んでいくためには、市況や回りと比べて値段をつけるのでなく、再生産を可能とする値段の設定が欠かせません。いったん安値をつけてしまった商品の価格の引き上げは極めて難しいものです。商品の原価計算は、右の表のように原材料費に経費（水道光熱費・減価償却費・修繕費・販売手数料など）と労務費（人件費）を加えた製造原価を考慮して販売単価を割りださなくてはなりません。

❻製造過程で作業効率が下がるネックを発見し、技術的に克服する

作業効率を上げることは、商品一単位当たりの原価を下げる意味で経営的に重要です。手づくりの本物加工だからといって、すべてに手間をかければよいということではありません。時間的なロスはコストアップを招き、採算ベースにのる商品づくりは難しくなります。手間をかけるところ、機械化して手間をかけないところのメリハリをつけることが、作業効率を考えるうえでは重要となります。

原価計算の方法

原材料	ブルーベリー	×××××円
	砂糖	××××円
	クエン酸	××円
合計		A円
総人件費		B円
1本あたりの原価		
原材料費　A÷120本		×××円
人件費　　B÷120本		××円
包材費（びん・ふた・ラベル）		××円
小計		C円
その他の経費　C×○○%		D円
合計		C＋D円

（注）ブルーベリーソース（内容量1本400g）1回の仕込量120本を基準にした場合の計算方法を示した

第3章　組織運営

1 会議の進め方

地域が共同で取り組んでいくための活動方針を決める会議では、参加者一人ひとりが発言しやすい議事運営や雰囲気づくりを意識的に行っていくことが必要です。

活発に意見が出る会議運営のコツ

参加者が自由に発言し決まった結論には、多少の不満が残っていても全員が納得し、確実に実行されることにつながります。以下の要領で運営してみましょう。

1　会議前に和やかな雰囲気をつくっておく。

2　「いい意見」より「たくさんの意見」を引き出す

紙に書いてもらうといろいろな意見が出てくる。この中から一番いい意見を選ぶと、よりよい結論になることが多い。

ちょっとした配慮で会議は劇的に変わる

3　「発言する場」より「聴き合う場」に

特定の参加者の発言ばかりにならないように、参加者全員に発言を求める。その際にほかの人の発言への意見を求めて、「今の発言に対して意見はありますか」と聞くより、「他に意見はありませんか」と聞くほうが、お互いの意見を聴き合う雰囲気ができる。

4　出てきた意見を自分で整理しすぎない

進行役（議長）が率先してまとめるよりも、「今出された意見をまとめるとどうなりますか」と参加者にまとめさせたほうが、参加者が受身にならず、主体的に考えるようになる。

5　ホワイトボードに書いて残す

ホワイトボードに発言のポイントを簡潔に書き残し、その都度参加者の共通理解にすることで、議論を空中戦にしないことが必要。

発言の際も参加者が前に出て書きながら説明するスタイルも取り入れると、会議に動きが出てくるのみならず、ホワイトボードに全員が集中することで一体感も生まれてくる。

ホワイトボードの活用法

ホワイトボードは2台以上あると便利。毎回ぞうきんできれいに拭いてから使用すること。

1台目　会議の基本事項を書く

［会議の基本事項］
・会議名　・参加者名　・議題
・タイムテーブル（終了時間は明確に書く）
［参加者への伝達事項］
・会議の目標（スローガン）
・会議のルール　など

2台目　出された意見を書く

模造紙を貼っておき、書き終わったら壁などに貼っていく

会議の雰囲気づくりのコツ

　人の気持ちを和ませる（参加者だれもが話がしやすい）「雰囲気づくり」ができているかどうかは、会議の成否を分けるといわれます。話法もさることながら、だれでもできる物と仕掛けがあります。

1　世間話で気持ちを和ませる
会議のはじめに参加者同士が1分ずつ近況を報告し合う。

2　会場づくりにも気配りを
微妙に参加者の心理に影響を与える会場づくりにも気を配る。
会場づくりのポイント

- 会場は整理整頓してきれいに。気分よく会議に入れる。
- できるだけ会場の設営と片付けは皆で行う。一緒に会議をつくるという連帯感が生まれる。
- お茶やお菓子、資料などを入口脇に置いて、参加者に持って行ってもらう。
- ロの字型は真ん中のすき間が見えない壁に。参加者が少ない会議では、テーブル同士をくっつけてすき間をなくすとお互いの気持ちも含めて距離感が縮まる。
- 打ち合わせのテーマに関わる現物を用意する。皆が同じ現物を見ることで話が生まれやすくなる。

3　はじめのあいさつで自由に話せる雰囲気に
主催者のはじめのあいさつで、参加者が自由に発言できる雰囲気をつくる。

会議の進行へ

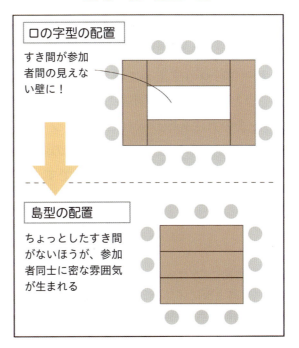

会場の机の配置の図

ロの字型の配置
すき間が参加者間の見えない壁に！

島型の配置
ちょっとしたすき間がないほうが、参加者同士に密な雰囲気が生まれる

（例）「今日はとても重要な案件について話し合います。地域を担う者同士で、お互いの知恵と意見を自由に出し合って、よりよい方向性を見出していきましょう。」

会議の運営 Q&A

会議を終了時間通りに終わらせるには？

　議事運営は節目ごとに目安の時間を設定し、それに合わせて会議を進行することが求められます。重要なのは、会議の始まりに「今日の会議は〇時が終了予定です。必ずこの時間までに終わるようにご協力お願いします」と宣言し、参加者にもその責任があることを自覚させること。時計を目につくところに用意したり、タイムキーパーを置いて定期的に時刻を知らせたりして、「時間を守る雰囲気」をつくることが欠かせません。

2 ワークショップの進め方

問題の解決や目標の設定、また新たな企画を立てる時には、地域のさまざまな意見や考え方をまとめ、地域としての合意をつくることが重要です。

地域の中で合意を上手につくる方法

　カードを使って上手にそれぞれの意見や考え方をまとめていく方法があります。最近は農村部でも、この方法を取り入れたワークショップなどを行う例が多くなっています。会議の話し合いの中にも取り入れられる有効な方法です。

個人ごとにカードに書き出し、模造紙に貼る

準備するもの

- 大きめの「ポストイット」、できれば3色。（裏面上部にノリがついて、貼りはがし自由なメモ用紙。7.5×10cmの大きさ）
- 模造紙（白色。グループ数用意する）
- サインペン（参加者数分）

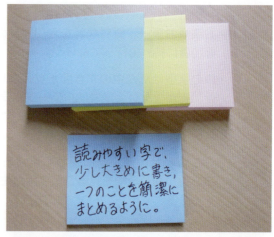

ポストイットは3色ほど用意。大きめな字で読みやすく簡潔に書くのがポイント

ステップ1　カードに個人の考えを書く

- 文字はサインペンを使って、読みやすい字で、少し大きめに書く。
- 1枚に1つの意見を簡潔に書く（50文字以内で）。
- できるだけたくさん書く。
- 書く時間は5〜10分程度に。あとで他人の意見を聞きながら書き加えるのはOK。

※書き方のサンプルをボードに貼っておくとよい。

ポストイットのはがし方

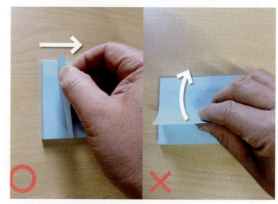

ポストイットは下からでなく、横からはがすと、貼った時に反り返らない

ステップ2　グループで考える

グループに分かれて、次の作業をいっしょに行います。

❶ **それぞれの意見を出し合う**
それぞれのカードを模造紙に貼る。

❷ **それぞれの意見を調整する**
同じような意見をまとめて、丸で囲み、そのタイトルを付ける。

❸ **みんなで考えながら一つの意見にまとめる**
いくつかにまとまった意見を討議してグループとしての意見をまとめる。

ステップ3　全体で考える

❶ グループごとに一つの意見にまとまったら、発表し合い、全体で話し合います（発表時間は2、3分程度を目安に）。その際にグループ討議で採用されなかった意見を個人が発表できるように配慮するとよいでしょう。

❷ 話し合いの中で新たな論点が出てきたら、再びグループでの話し合いに戻って同じことを繰り返すことで意見がまとまってきます。

❸ 時間が来ても結論がまとまらない場合には、多数決で決めることもやむを得ませんが、以上の合意形成の努力をすることで、参加者全員がその決定に従うのはやむを得ない（と納得できる）気持ちになります。

ステップ4　具体的に仕事を振り分けて実行する

会議の最後には必ず、具体的に「やること、担当者、スケジュール」を明確にし、仕事の割り振りを行いましょう。

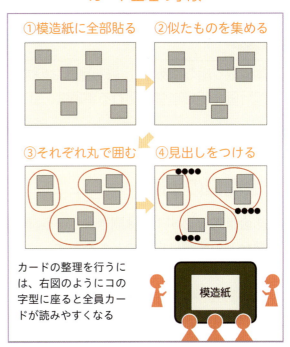

カード整理の手順

① 模造紙に全部貼る　② 似たものを集める
③ それぞれ丸で囲む　④ 見出しをつける

カードの整理を行うには、右図のようにコの字型に座ると全員カードが読みやすくなる

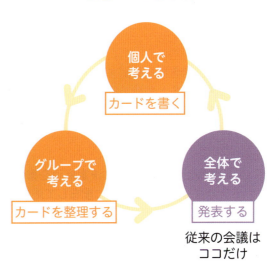

カードを活用した合意形成のサイクル

個人で考える → カードを書く
グループで考える → カードを整理する
全体で考える → 発表する

従来の会議はココだけ

カードを使って皆のやりたいことをまとめた上で、具体的なスケジュールを組んでみたところ

3 総会の開催と運営

活動に取り組むにあたり、最も重要なのは集落での合意形成です。活動計画の策定や変更、収支決算、実施計画、組織運営に関わる事項は、協定参加者で構成する総会で決定し、全体に周知しましょう。

総会開催の手順

総会は毎年必ず1回は開きましょう。開催および運営などの手順は以下のとおりです。

1 総会の審議事項、開催日を設定
役員会などで話し合って決定する。

2 総会を招集
規約に示された日までに、書面で会議の日時、場所、目的、審議事項を示し、構成員に通知する。

3 総会を開催
総会は規約に示された出席者数で成立する。開会前に出席者数を確認する。議事の運営にあたっては議案報告と質疑応答をしっかり行った上で採決に移る。議案は規約に示された出席者数で決する。

4 総会の決定事項を周知
総会閉会後、速やかに決定事項を書面にまとめ、その写しを構成員全員に配布して周知する。

役員会などで総会の開催について決定する

総会にはできるだけ多くの構成員に出席してもらう

総会の種類　以下の3つの総会があります。

種類	議題または開催要件	開催の時期
設立総会	・規約案や役員案等の活動組織の設立に関する事項 ・協定案や活動案などの組織の運営に関する事項　など	組織設立時に開催
通常総会	・当年度の活動実績や収支決算 ・翌年度の活動計画案や予算案　など 　※規約や内規の変更がある場合は議題として入れる	最低年1回は必ず開催
臨時総会	・現構成員の3分の1以上から会議の目的となる事項を示した書面によって要求のあったとき ・監査役が不正な事実を発見し、報告するために招集するとき ・代表が必要と認めたとき	事情に応じて臨時に開催

総会の議事運営の心得

総会の運営は、議決方法等を規定した活動組織の規約に基づいて行います。

議事の開閉	議長が宣言する。
議事日程	冒頭で議長は総会成立の要件を確認し、議場に報告する。その上で議事日程を議場に諮って承認を得る。
書記の選任	議長は議事開始にあたり、構成員の中から書記を指名し、議事の経過の記録を行わせる。
議案の説明	議案はすべて提案者（通常は組織の代表者か組織の事務局長）が説明する。
議事の進行	議長は、提出された議案について説明、討議、採決の順にこれを区分して議事を進めなければならない。なお、決算については議案の説明後に監査役が総会に提出した監査報告書に基づいて監査報告を行う。
採決の方法	採決は挙手か起立など数を把握できる方法により、基本的には賛成者についてのみ行う形でよい（必要がある場合は反対者についても行う）。議案は規約で規定する数で決するが、特別議決を要する事項については3分の2以上の賛成が必要となる。 ※議長は総会の議決に加わることができないが、可否同数のときは議長が決する。
修正案の採決	修正案が提出されたときは、修正案を原案より先に採決する。
採決結果の宣言	議長は採決を行ったときは、賛否の数を調査確定し、その結果を議場に報告し、案件の決定を宣する。なお、議事録には議案ごとの賛成者数を記録しておくこと。
指導助言の請求	議長は必要により、出席している指導機関などに対して指導助言を求めることができる。

(注)総会資料や議事録は、実施状況報告の根拠資料になるため、適切に記録・保管しましょう。

総会の開催通知の書き方

総会の日時と場所、議題を明記し、都合で出席できない人のために、切り離して使える委任状を付けておきます。

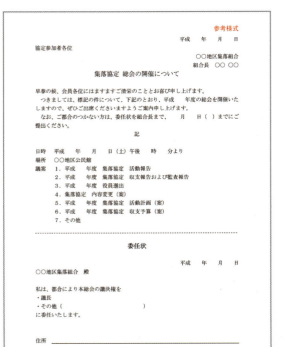

会計監事による監査報告

交付金による活動実績や収支決算書について、会計監事（なるべく2人／会計担当は不可）が事業実績書および預金通帳、現金出納簿、領収書等の関係書類の監査を総会前に実施し、右のような書面で総会にて監査報告を行います。

4 イベント企画の立案と広報

地域住民や子どもたち、都会から訪れる人たちに向けて、魅力ある企画を立てて幅広く広報に取り組み、多様な担い手の確保を図っていきましょう。

人が集まる企画の立て方

集落組織の事務局や役員だけで考えるのではなく、みんなで知恵を出しながら相談し合うとアイデアがふくらみます。集落組織として訴えたいことや対象をしっかり詰めた上で企画を立てましょう。

① テーマ（目標）の設定
地域の課題（次世代への伝承、コミュニティの活性化など）にそって、交付金で取組み可能な活動から、地域の実情に見合ったテーマを選択する。

② ターゲットの決定
テーマにそって主なターゲットとなる層を決める。逆に、ターゲットとしたい層を決めてから、その層にふさわしいテーマを決める形でもよい。

③ ニーズの把握
対象層のニーズをつかむ。身近なターゲットとなる層の意見に耳を傾けてニーズをつかみ、対象に合わせて日時や企画の中身を詰める。

④ 人材・資源の発掘
活動組織として提供可能な人材（能力、技術）や資源（自然、ほ場、施設など）をつかんで、企画プログラムに活かす。

⑤ 魅力あるキャッチコピー
提供プログラムのメリットや他企画との違いを差別化して、対象者に響くキャッチコピーをつくる。日頃から対象層が触れるメディアに目配りし、心に響きそうな言葉や表現を仕入れておくとよい。

※何回か連続で行う企画の場合は、アンケートをとって結果を分析し、次回以降の内容に反映させるとよい。

稲作体験のなかでも田んぼの生きもの調査は人気が絶大

企画例

テーマ（目標）	次世代につながる多様な主体の参加（田植え体験、収穫体験など）
主なターゲット	・小学生　・幼稚園児 ・保育園児　・保護者
ニーズ	・土に触れ、いのちを育てる活動を体験させたい ・食べものができる様子を体験させたい ・親子でいっしょに取り組みたい
提供可能な人材や資源	・稲作や野菜づくりの技術 ・昔の道具を使った稲作体験 ・田んぼの生きもの博士（高校の生物の先生） ・稲わら細工の名人（縄結い、わらじ）
魅力あるキャッチコピー	・年間通じて体験でき、稲わらの加工も体験できる ・生きもの調査で生きもののことも学べる

※企画内容は、実践している活動と関連させることが必要。

人が集まるチラシのつくり方

イベント企画に人を集めるために、企画の魅力が対象とする人たちにしっかりと伝わる広報を行う必要があります。魅力が伝わるチラシにするポイントをみてみましょう。

```
┌─────────────────────────┐
│      魅力的なタイトル      │
│                         │
│  イラスト   ─リード文─    │
│                         │
│  [いつ]   ○○○○○○○    │
│  [どこで] ○○○○○○○    │
│                         │
│           主催者名・連絡先 │
└─────────────────────────┘
```

レイアウトの原則

右のレイアウト原則で作ってみよう！

> タイトルは上3分の1に目立つように配置する。対象によって文字の大きさ、言葉づかいなどを変える。
> ※なじみのないカタカナ用語や専門用語はタイトルに使わない。

> 対象によって文字の大きさ、言葉づかいなどを変える。

2018年度稲作体験企画　第3弾!!

メダカをさがそう！トンボの赤ちゃん・ヤゴと出会おう！

夏の田んぼでワクワク
生きもの調査（ちょうさ）

プレゼントあります！

田んぼで生きものをさがしながら、田んぼの土や水、生きものとのふれ合いを楽しみます。また、田んぼがお米だけでなく、さまざまな命をそだてていることを学び、生きものたちとの出会いで感じたことを「生きもの語り」として絵や言葉（俳句／はいく）で言い表してみます。

> 1枚のチラシの中でいろいろな書体やフォントを使い過ぎない。とくにポップ体に頼りすぎない。

日時：２０１８年７月１５日（日）10：00〜15：00
場所：○○地区体験田んぼ
※○○地区公民館前広場に 10：00 集合

> 対象者が知りたい情報を目立たせる。「何を」「いつ」「どこで」は必須！

【日程（にってい）】　※天気が悪いときは中止することもあります。
10:00〜10:15　あいさつ、生きもの調査のやり方の説明
10:15〜12:00　生きもの調査
12:00〜13:00　お昼ごはん
13:00〜15:00　生きもの語り、お絵かき、まとめ

メダカとお米が
いっぱい育ったよ〜

【服そう・持ちもの】　よごれてもよい服・ぼうし・長ぐつ（※）・はし・のみもの
※田んぼに入る時ははだしかくつ下がおススメ。その場合はサンダルも用意しましょう。

【当日のプレゼント】　田んぼの生きものポケット図鑑（ずかん）（動物編（へん）、植物編（へん））

【費用（ひよう）】　おとなも子どもも１人５００円（お昼ごはん代）

【もうしこみの方法】
参加者（さんか）の名前と電話またはファックス番号を次のところまでお知らせください。
電話＆ファックス：○○○○−××−△△△△　　赤坂太郎（あかさかたろう）（○○地区集落（しゅうらく）組合）
しめきり：２０１８年７月８日（日）

主催（しゅさい）：○○地区集落（しゅうらく）組合／○○地区自治（じち）会

> 企画の売りやメリットが目立っているかどうかを、チラシ完成後に必ず自己点検するか、ほかの人に見てもらうとよい。

> 読ませるチラシより、内容をビジュアルで見せるチラシを心がける。内容に見合ったわかりやすいイラストや写真を入れるとよい。

> ワードの技能を磨く。いろいろなチラシや広告、雑誌などを見てよいところを学ぶとよい。

5 集落戦略の作成

中山間地域の農業や集落の維持を図っていくために、協定参加者が地域の将来や農地をどのように引き継いでいくか話し合い、プラン(集落戦略)としてまとめましょう。

集落戦略とは

協定に参加する皆さんで、10～15年後の集落の将来はこうありたいという展望について話し合い、以下の項目について次頁の様式でとりまとめたものです。

集落協定の構成員全体で集落の姿を考え、共有化するためには、ワークショップ方式で意見を出し合い、まとめていく方法も有効である

集落戦略で定める項目

- 協定農地の引継ぎに関すること(耕作放棄地の防止に関すること)
- 集落の将来像(集落協定で定める「集落マスタープラン」の内容でもOK)

集落戦略を作成した場合のメリット

協定農地が耕作放棄されたときなどには、交付金を事業開始時にさかのぼって返還しなくてはならないことになっていますが、以下の①か②に該当する集落協定においては、集落協定を作成することにより、対象となる農地が「すべての農地」から「該当する農地のみ」に変更となります。

①協定農地が合計15ha以上※
②集落連携・機能維持加算に取り組む

※①の条件を満たすために複数の集落間で新規に協定を統合する形でもOKです。その場合無理して協定を一つに統合する必要はなく、旧協定がそれぞれの考え方を持っている状態でかまいません。

(注)
- 農業者の病気など、やむを得ない事由がある場合は、これまでどおり返還は免除されます。
- 「集団的かつ持続可能な体制整備(C要件)」に取り組む場合も、交付単価の2割分の遡及返還の対象が、すべての農地ではなく該当する農地のみに変更になります。

集落戦略の作成例

以下の様式を使い、例にしたがって記載しましょう。

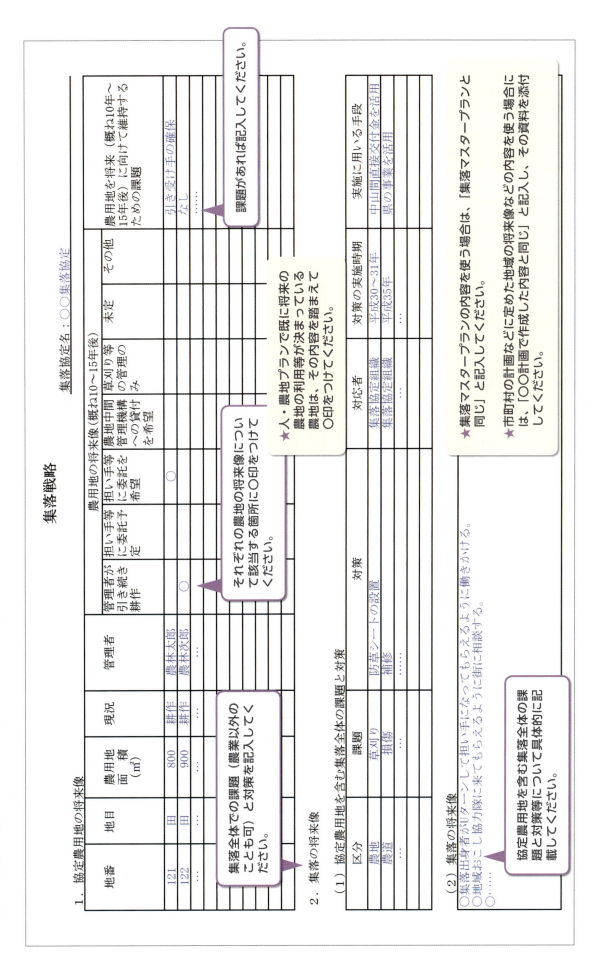

集落戦略

集落協定名：

1. 協定農用地の将来像

<table>
<tr><th rowspan="3">地番</th><th rowspan="3">地目</th><th rowspan="3">農用地面積（㎡）</th><th rowspan="3">現況</th><th colspan="6">農用地の将来像（概ね10～15年後）</th><th rowspan="3">農用地を将来（概ね10年～15年後）に向けて維持するための課題</th></tr>
<tr><th rowspan="2">管理者</th><th colspan="5">管理者</th></tr>
<tr><th>管理者が引き続き耕作</th><th>担い手等に委託予定</th><th>担い手等の管理の委託を希望</th><th>農地中間管理機構への貸付を希望</th><th>草刈り等の管理のみ</th><th>未定</th><th>その他</th></tr>
<tr><td></td><td></td><td></td><td></td><td></td><td></td><td></td><td></td><td></td><td></td><td></td><td></td></tr>
<tr><td></td><td></td><td></td><td></td><td></td><td></td><td></td><td></td><td></td><td></td><td></td><td></td></tr>
<tr><td></td><td></td><td></td><td></td><td></td><td></td><td></td><td></td><td></td><td></td><td></td><td></td></tr>
<tr><td></td><td></td><td></td><td></td><td></td><td></td><td></td><td></td><td></td><td></td><td></td><td></td></tr>
<tr><td></td><td></td><td></td><td></td><td></td><td></td><td></td><td></td><td></td><td></td><td></td><td></td></tr>
</table>

2. 集落の将来像

（1）協定農用地を含む集落全体の課題と対策

区分	課題	対策	対応者	対策の実施時期	実施に用いる手段

（2）集落の将来像

集落戦略の様式

⑥ 広域化のメリットと進め方

複数集落が広域に集落協定を結ぶと耕作放棄による返還措置を緩和されるなど制度面で優遇されます。そのほか、集落で事業を進めるうえでのメリットやその体制、手順を見てみましょう。

組織の広域化のメリット

現状、活動の記録や会計、提出書類の作成などの事務処理が大きな負担であることから、中山間地域等直接支払制度の事業に取り組みたくても取り組めない集落があったり、また高齢化などによって協定農用地内に耕作放棄地が発生して交付金の返還措置が必要になったりします。こうした問題を解決してくれるのが集落協定組織の広域化です。

広域化は2つ以上の集落が一つの取り決め（広域集落協定）を締結して中山間地域等直接支払制度の事業に取り組むことです。広域協定ですが、活動は集落単位で取り組むことができます。

広域化のメリット
- 協定参加農地が耕作放棄された際の交付金の返還措置が緩和される。
- 集落協定の広域化を支援する追加の交付金支給が加算措置として受けられる。
- 事務局に専任者を置いて一括して交付申請、報告などの事務を行うことで、集落代表者の事務負担が減り、集落内の活動に専念できる。これにより、リーダーの確保がしやすくなる。
- 集落間や地域間で活動費の調整、大型機械の共同使用などが行えるため、効率的に活動が実施できる。
- 集落や地区間で責任分担が曖昧となっていた施設の保全・管理について、責任を明確にできる。

そのほか、協議会（市町村）としても照会窓口が一本化されるため、事務負担や確認、検査の手間を大幅に軽減できるほか、迅速な指示・指導ができるので施策も推進しやすくなります。

広域化に関連する加算措置
組織を広域化することで以下のような加算措置を受けることができます。

支援の種類	内容	加算金額
集落協定の広域化支援	複数集落（2集落以上）が連携して広域協定を締結し、中心的な役割を担う人材を確保して、農業生産活動等を維持するための体制づくりを行う場合、協定農用地全体に加算	地目にかかわらず3,000円/10a
小規模・高齢化集落支援	本制度の実施集落が、小規模・高齢化集落の農用地を取り込んで農業生産活動を行う場合、新たに取り込んだ農用地面積に加算	田：4,500円/10a 畑：1,800円/10a

広域組織の形態のいろいろ

広域化を図る単位としては右の①〜③のようなスタイルが考えられますが、地域の実情や課題などを踏まえ、市町村とも相談しながら最もよい広域化の形を選びましょう。

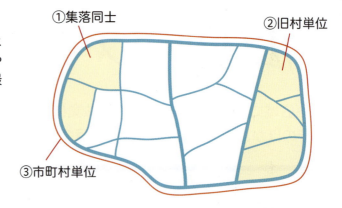

広域組織の体制例

合意形成は集落内で決定されたものをそれぞれの地区の代表者が持ち寄って運営委員会で決定する。

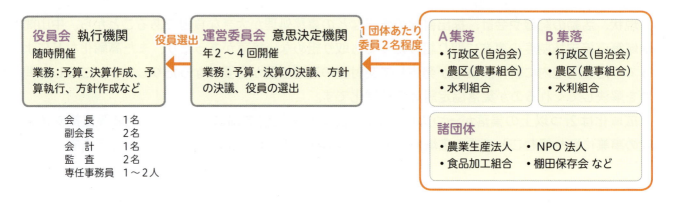

広域化に向けた手順

活動組織の広域化に向けては次のような手順ですすめるとよいでしょう。市町村と連絡を取り合い、支援を受けながら取り組むとスムーズにすすめることができます。

活動組織の広域化に向けた流れの例

時期	手続き	検討事項・必要書類など
4月まで	①広域協定締結に向けた検討と話し合いを始める	・広域化のメリットの説明 ・近隣集落のマスタープランすり合わせ ・組織体制(役員、事務局)等の検討 ・構成員の役割分担の決定
5月	②広域協定書を作成する	＜必要書類＞ ※ひな形を使うと簡単 ・広域協定書 ・運営委員会規則 ・活動計画書
6月	③各集落や団体で広域協定の説明会開催、参加を確認する	・各集落の参加同意書を得る (対象となる農用地・施設、参加構成員を明記)
6月	④構成員(各集落、諸団体)の間で広域協定を締結する	＜集落、団体代表者間で協議すること＞ ・協定書案、規約案、活動計画案 ・統一ルールなど
6月	⑤広域協定の運営委員会(意思決定機関)を設立する	＜設立時に決定すること＞ ・設立の承認 ・役員の選任 ・規約、協定書、事業計画書、予算書の承認
6月末まで	⑥市町村に認定を申請する	・広域協定書、活動計画書などを提出